RAPPORT

DU

VOYAGE EN ANGLETERRE

DE MESSIEURS

LIONEL DE GOURNAY

Secrétaire de la Gérance,

ET

F. MATHET

Ingénieur en chef des mines de Blanzy.

En Juin et Juillet 1883.

SAINT-ÉTIENNE

IMPRIMERIE THÉOLIER ET Cᶦᵉ

12, RUE GÉRENTET, 12

—

1884

PRÉAMBULE

Le but principal que se proposait la Gérance des mines de Blanzy en nous envoyant en Angleterre était d'étudier sur place le procédé d'abatage du charbon au moyen de la chaux.

Ce procédé, dont l'initiative est attribuée, par les uns, à M. G. Arnould, ingénieur principal du corps des Mines, à Mons, et par d'autres à M. G. Elliott, ingénieur anglais, a été pratiqué pour la première fois en Angleterre, en janvier 1882, dans les mines de Shipley, près Derby, par MM. Sébastian Smith et Moore, ingénieurs, qui se sont fait breveter pour l'Angleterre et le continent.

Séduits par la sécurité absolue apportée par ce nouveau mode d'abatage du charbon dans les mines à grisou, les ingénieurs anglais, encore sous le coup des terribles accidents survenus dans les dernières années, s'empressèrent d'essayer ce système, qui offrait en outre le précieux avantage d'un plus grand rendement en gros morceaux.

On verra, dans le cours de ce rapport, que les résultats généralement obtenus ne répondirent pas toujours aux promesses du nouveau procédé.

Quoiqu'il en soit, ce fut également guidé par le désir de supprimer, dans la mesure du possible, les chances des explosions de grisou, que M. Chagot, gérant des mines de Blanzy, nous envoya en Angleterre pour étudier le nouveau système d'abatage et pour l'appliquer ensuite, si cela était possible, aux mines de Blanzy.

Nous profitâmes de notre séjour en Angleterre pour visiter plusieurs districts houillers afin d'étudier en même temps les principales installations anglaises et les procédés d'exploitation usités dans les mines.

Dans le Sud du pays de Galles nous avons vu les belles installations houillères des environs de Cardiff et particulièrement les puits de Cymmer, de Nixon, d'Harris ; puis, remontant au Nord, nous avons vu les mines du centre dans le Derbyshire, telles que Shipley, Clifton, Newstead, Cinder-Hill et Bulwell.

Nous dirigeant ensuite au Nord-Ouest, nous avons visité, dans le bassin de Newcastle, les houillères de Silksworth, de Boldon, de Monkwearmouth, de Cambois et de Bearpark.

En Écosse, nous avons vu avec quelques détails les houillères de Niddrie, près d'Edimbourg, celles de Fence, d'Hamilton et de Blantyre, aux environs de Glasgow.

Partis de Dieppe le 11 juin nous rentrions en France par Douvres et Calais le 3 juillet, rapportant de nombreuses notes sur les mines anglaises, et enchantés de l'accueil qui nous avait été fait partout, grâce aux bons soins et à l'affabilité de nos compatriotes MM. Guéret, de Cardiff ; grâce aussi aux excellents renseignements et à l'obligeance de M. John Daglish, ingénieur, de MM. Moore père et fils, ingénieurs, de M. G. Fowler, de Nottingham, de M. Robert Stevenson, ingénieur à Newstead, etc., auxquels nous sommes heureux de présenter ici tous nos remerciements.

Août 1884.

L. DE GOURNAY,
F. MATHET.

DISTRICT DES MINES DU SUD DU PAYS DE GALLES

(14 juin 1883.)

Visite à Cymmer Colliery.

*Installations extérieures. — Insole Cie. — Directeur :
M. Gryfith. — Station de Porth.*

Deux puits en exploitation, situés à 75 mètres l'un de l'autre. | Installation extérieure.

Le premier, *Down cast pit*, affecté particulièrement à l'extraction, a un diamètre de 16^r 1/2 (5^m,03) ; il extrait 1,400 tonnes anglaises (1,420^t) d'une profondeur de 292^m,50.

Charpente en fer, très légère, avec pieds de force reliés par des entretoises.

Guidage par câbles en fils de fer, au nombre de 4 par cage.

Cages à un seul étage contenant 2 chariots bout à bout. Le décagement des chariots est opéré mécaniquement par une disposition spéciale que la Fig. 2, Pl. 1 indique, et dont voici la disposition sommaire. (Voir la description du décagement, système Fischer, dans la visite de la mine de Clifton.) | Décagement automatique des chariots.

La cage, chargée de deux chariots, en arrivant au jour et posant sur les arrêts, appuie sur un taquet qui ouvre une soupape permettant l'introduction de la vapeur sous un piston faisant mouvoir une tige qui soulève de quelques centimètres l'extrémité de la cage opposée au décagement.

Immédiatement les deux chariots pleins sortent de la cage et sont remplacés par deux vides dont la voie se trouve exactement à la hauteur de l'extrémité de la cage soulevée.

Ce système de décagement automatique ne peut évidemment être employé que dans les puits guidés en câbles en fil de fer dont la souplesse permet sans difficulté le déplacement angulaire imprimé à la cage.

Les cages sont supportées par six chaines, dont deux de sûreté, placées au milieu des longs côtés et non tendues.

Les wagons, tout en fer, type du pays de Galles, à faces à claire voie et évasées, peu élevés, contiennent 1^t ½ de charbon en gros morceaux, qui permettent des surélévations de 0^m,50 à 0^m,60 au-dessus des bords supérieurs. Les roues sont en acier et d'un grand diamètre : environ 0^m,40.

Graissage automatique des chariots. Dès qu'ils sont vidés sur des estacades, les wagons sont ramenés sur des voies latérales au puits où est disposé un système de graissage automatique fort simple.

Les essieux des wagons rencontrent des manettes de robinets graisseur donnant lieu à deux jets d'huile qui lubrifient grossièrement les fusées des essieux ; ce système perd beaucoup d'huile qui se répand sur le sol.

Câbles. L'extraction est faite par des câbles plats en acier ayant : largeur 0^m,075, et épaisseur 0^m,019, s'enroulant sur des bobines en fer protégées presque entièrement par une enveloppe en tôle pour éviter les projections de graisse dont sont recouverts les câbles. Le diamètre initial des bobines est de 5 mètres.

Crochets de sûreté. Il n'existe pas de parachute, mais l'attache des câbles aux cages est munie d'un crochet de sûreté, Pl. I, Fig. 3, modèle usité presque dans toutes les mines bien installées en Angleterre.

Ce crochet de sûreté présente la particularité suivante qui permet de relever la cage arrêtée au dessous des poulies et reposant sur une pièce de la charpente par le crochet de sûreté. Le câble étant ramené sur la poulie, on passe le tourillon dans le trou A, qui a une section allongée, comme l'indique la figure ; en faisant tirer la machine, le tourillon agit sur les mâchoires pour les ramener et refermer leur extrémité B pendant que les queues c et c' rentrent derrière les plaques de garde et permettent au crochet de passer dans l'orifice M N pratiquée dans la pièce de charpente placée sous les poulies.

Les câbles pèsent 6^k,64 le mètre, soit, pour 420 mètres, 2,791^k. Leur durée moyenne est de 13 à 15 mois.

C'est une machine horizontale à 2 cylindres sans détente et à soupapes commandées par des taquets à balanciers, même système que ceux de la machine des lavoirs de Blanzy. *Machine d'extraction.*

Diamètre 1^m,065. Course, 1^m,82.

Pression moyenne de la vapeur, 4^k,15 p. c. q.

L'ascension d'une cage ne demande que 26 à 28″ et toute la manœuvre ne prend pas 40″.

C'est au moyen de vitesse aussi considérable imprimée aux machines et de la grande rapidité dans les manœuvres que l'on arrive à produire des extractions journalières de 1,200 à 1,500 tonnes dans les mines anglaises.

Il n'est apporté aucun luxe de propreté dans la tenue des machines, ainsi que cela a lieu dans la plus grande partie des installations anglaises.

Ils sont au nombre de huit réunis dans un massif non couvert par une toiture, mais entourés de voûtes légèrement inclinées qui les protègent de la pluie et des causes de refroidissement. PL. I, FIG. 4. *Générateurs.*

Ils sont à foyer intérieur comme la plupart des générateurs anglais.

Le chauffeur est abrité par un hangar.

Ventilateur. — Les travaux sont aérés par un grand ventilateur système Waddle, de 13^m,68 de diamètre et 2^m,70 de largeur à l'ouïe, produisant le volume énorme de 180.000 pieds cubes par minute, correspondant à 85^{m3},090 par 1″, à une vitesse de 51 tours de la machine motrice et une dépression de 0^m,07 d'eau.

Le moteur est à un seul cylindre de 0^m,80 de diamètre et 1^m,21 de course, conduisant directement l'arbre moteur.

Le travail engendré dans ces conditions, ou travail utile, est de 75 ch., et le travail moteur 120 ch. L'orifice équivalent dépasse 4^{m2}.

Exploitation. — L'épaisseur de la couche exploitée varie de 4 à 7 pieds, 1^m,20 à 2 mètres. Le toit très résistant s'affaisse graduellement et en masse, sur les remblais très incomplets provenant des rochers faits dans le rebaissage des galeries et du menu que l'on ne sort pas. Charbon brillant servant au chauffage des chaudières.

Le mode d'exploitation suivi dans ce puits est la méthode par Long wall qui est celle adoptée dans toute la région. Nous aurons occasion d'y revenir.

Organisation des postes. — Il y a 600 ouvriers mineurs et manœuvres occupés au poste à charbon qui descendent à 7 h. du matin et remontent à 4 h., soit une durée de 9 h. de présence. Le mineur produit 3^t à 3^t 1/2 et gagne 6 à 7 sch. (7^f,50 à 8^f,75 par jour.)

Grisou. Son utilisation. — La couche dégage beaucoup de grisou qui se manifeste principalement par des soufflards très abondants. On a pris le parti de l'utiliser en le captant par des barrages étanches et en l'envoyant au jour par des tuyaux qui se rendent au gazomètre de l'usine et de là à l'orifice du puits où on l'allume pour l'éclairage des recettes et le chauffage des hommes pendant l'hiver. Il est amené au jour par deux tuyaux en fer de 0^m,05 de diamètre qui dégagent ensemble 141^{m3},575 par jour;

mélangé avec le gaz d'éclairage pour augmenter son pouvoir éclairant, il est renvoyé sous une certaine pression au fond du puits où il sert à éclairer les recettes et les chambres des machines extérieures.

Pour une production annuelle de 340.000^t, la consommation de bois d'étais varie de 5 à 600^t. *Consommation des bois d'étais.*

Le prix du bois pris à Cardiff étant de 26^f,20, soit de 28 fr. à la mine, on voit que la dépense en fourniture de bois, en moyenne, est annuellement de 154.400 fr. ce qui correspond à 0^f,453 par tonne.

A Blanzy, les fournitures de bois d'étais entrent pour 0^f,687 dans le prix de revient.

On doit admettre, d'après ces chiffres, que la mine de Cymmer est une des rares mines anglaises qui consomment beaucoup de bois. Nous aurons occasion d'en voir d'autres où la dépense pour le boisage n'est que de 0^f,125 par tonne.

On est en train de faire dans cette mine des essais d'abatage à la chaux (Système Smith et Moore) auxquels nous n'avons pu assister. L'ingénieur en paraît très satisfait et compte l'employer plus spécialement dans les rabatages de toit des galeries. *Essais d'abatage à la chaux.*

La mine étant grisouteuse, la direction a apporté une grande attention au choix d'une lampe. *Lampes de sûreté.*

On a essayé successivement divers systèmes.

La lampe Williamson est celle qui est considérée comme la plus sûre ; mais sa complication et les difficultés rencontrées par l'obstruction des petits trous servant à l'introduction de l'air par dessous la flamme et la nécessité de la nettoyer par un jet de vapeur, l'ont fait rejeter pour adopter la lampe Clanny, munie d'un bouclier placé à l'intérieur du tissu et permettant d'aller dans des courants d'air chargés de grisou ayant jusqu'à 4^m de vitesse.

La même lampe, sans le bouclier ou écran préservateur, laisse passer la flamme au travers du tissu avec un courant de $2^m,50$.

Les firemen ou chefs de poste chargés de visiter les chantiers pour constater la présence du grisou, sont munis d'une lampe Davy ordinaire renfermée dans une enveloppe en fer blanc dont la partie inférieure est percée d'un grand nombre de petits trous pour l'introduction de l'air et la partie supérieure garnie d'un verre.

Cette lampe, dont le croquis Pl. I, Fig. 5, donne une idée, présente les avantages de la lampe Davy sans offrir le même danger.

(15 juin.)

Visite à la mine de Nixon Navigation, à Merthyr Vale.

Cette mine possède deux puits situés à 50 mètres environ l'un de l'autre. Ils exploitent deux couches distantes de 60 mètres ; mais chacun d'eux est affecté à l'exploitation d'une seule couche.

Le plus important de ces puits extrait de la profondeur de 390 mètres ; le second a son exploitation concentrée à 450 mètres, dans une couche de $2^m,70$ d'épaisseur dont les travaux ne font que commencer. Nous nous occuperons particulièrement de l'exploitation du premier puits, que nous avons visité en détail.

Le diamètre commun des deux puits est de 3 mètres.

Guidage.   Le guidage est formé, comme l'indique la Fig. 6, Pl. I, de rails en fer à patins fixés contre des moises et embrassés par 4 mains en fer adaptées à la cage, 2 au cadre supérieur et 2 au cadre inférieur. Il présente cette particularité, assez fréquente en Angleterre et en Belgique, de ne guider les cages que d'un seul côté et d'éviter la pose d'une moise au milieu du puits. Cet agencement fort simple a le grand avantage de ne pas encombrer le puits et de permettre des vitesses tout aussi considérables dans la marche des cages.

La charpente est en fer, très légère, à quatre montants verticaux, sans jambes de force ni poussoirs, et retenue simplement par 4 câbles en fer fixés au sommet de la charpente et amarés solidement à l'extérieur. *(Charpente, cage et matériel.)*

Ici, comme à Cymmer, le décagement des chariots est opéré mécaniquement, mais, par suite de la rigidité du guidage en fer, le même moyen ne peut être employé. *(Décagement mécanique des chariots.)*

On arrive au même but avec le secours d'un petit treuil à vapeur placé en avant du puits, au-dessus des verses, et qui, dès que la cage est au jour, tire d'un seul coup les deux chariots de la cage.

Les cages sont du reste à un seul étage et à deux chariots bout à bout.

L'ascension dans le puits se fait en 40″, et toute la manœuvre n'exige que 55″.

C'est ainsi que l'on arrive à extraire de 1,000 à 1,200 chariots d'une contenance d'une tonne et demie en 10 h. de travail.

Les arrêts de Nixon, d'un système commun, on peut le dire, à presque tous les puits visités, sont à pied de biche, analogues à ceux de Blanzy, mais plus fortement membrés. *(Arrêts.)*

Les câbles, ronds et en fils d'acier, s'enroulent sur des tambours de forme cylindro-spiraloïdale. Le diamètre des câbles est de 40$^{m}/_{m}$. *(Câbles d'extraction, bobines.)*

Les cages ne sont pas munies de parachute, mais il existe des crochets de sûreté analogues à ceux de Cymmer.

Le diamètre du tambour cylindrique où s'enroulent les câbles est de 7^{m},62 et celui de la dernière spire 4^{m},25.

C'est une ancienne machine de vaisseau de guerre cuirassé, achetée d'occasion et disposée pour conduire directement l'arbre des bobines placées sur le côté des deux cylindres. *(Machine d'extraction.)*

Cet ensemble, qui n'est recommandable que par le bon marché de son installation, n'est pas à imiter à cause du porte à faux des bobines qui a obligé de grossir démesurément l'arbre.

Ventilateur. — Le ventilateur est du système Waddle, semblable à celui de Cymmer, diamètre de $13^m,70$, aspirant un volume de 180,000 p. cubes par 1' ou 85^{m3} par seconde. On est très satisfait de sa marche.

La couche dégage peu de grisou qui se montre particulièrement en soufflards peu abondants et possédant une pression assez élevée pour briser les rochers du toit sur 1 à 2 mètres d'épaisseur.

Exploitation.
Voir Fig. 8, 9 et 10, Pl. I. — L'épaisseur de la couche exploitée varie de $1^m,20$ à $1^m,80$. Sa direction est Est-Ouest et son pendage N.-S. Le mur de la couche renferme de nombreux stygmaria et au toit sont les fougères.

On emploie simultanément les deux méthodes par Long wall ordinaire et Nottingham Long wall semblable à celle d'Harris. (Voir Fig. 8, 9 et 10, Pl. I.) La seule chose qui particularise cette méthode c'est la conservation de grandes voies diagonales au milieu des remblais, soutenues tous les deux mètres par des piles de bois montées en quadrillage, que l'on enlève lorsque ces voies diagonales sont elles-mêmes remblayées, ce qui se fait lorsque le front de taille a avancé de 50 à 60 mètres.

Le toit de la couche est solide et on ne fait des rabatages à la poudre ou à la dynamite que dans les grandes galeries de roulage pour le passage des chevaux. Le sol gonfle facilement, mais on préfère abattre du toit plutôt que de toucher aux voies, à moins que cela ne soit d'absolue nécessité.

Remblais. — Le banc de rocher que forme le toit de la couche a une épaisseur de 8 à 10 mètres, il présente une très grande solidité et se termine au contact de la couche par une mise variant de 0 à $0^m,60$ d'épaisseur que l'on abat. On forme les remblais avec les rochers provenant de cet abatage et surtout avec le menu charbon qui forme en volume le 1/4 du charbon extrait.

Le reste est du gros.

La couche se détache parfaitement au toit et au sol et de plus présente des plans de clivage faisant un certain angle avec la direction et la pente toujours très faible. En faisant un léger havage de $0^m,15$ à $0^m,20$ avec le pic vers le sol de la couche, on détache d'énormes blocs de charbon que l'on est obligé de refendre au pic.

La production par piqueur, dans des conditions aussi favorables, s'élève à 6 ou 7 wagons, soit 6 à 7^t par jour, qui lui sont payées de $1^f,35$ à $1^f,45$.

Système de corde tête et corde queue.

Les convois sont formés de 17 à 18 wagons. Les machines motrices sont placées au fond et reçoivent la vapeur du jour. Pas de particularité à signaler. Les voies de roulage ont $0^m,80$ de large.

Trainage mécanique.

Il existe au fond un compresseur mû à la vapeur pour faire une exploitation en vallée.

Compresseur.

Les grandes voies où se fait le trainage mécanique ont une largeur de 4 à 5 mètres et sont presque entièrement voûtées. On a soin de placer dans la maçonnerie de ces voûtes des pièces de bois équarries en chêne, tenant la place d'une rangée de moëllons, et ayant pour but d'éviter les ruptures en lui donnant plus d'élasticité. Ces grandes artères sont éclairées au gaz que l'on envoie du jour par une petite pompe.

Détails, soutènement.

Il existe à 426 mètres une grande pompe à deux cylindres horizontaux, système Compound à détente, condensation et cataracte. Elle est alimentée par la vapeur des chaudières du jour.

Epuisement, pompes.

Les pompes sont placées en prolongement des cylindres à vapeur, et le tout est renfermé dans une vaste chambre de 30 mètres de long sur 6 mètres de hauteur. Cet appareil, beaucoup trop fort pour le travail à effectuer, marche constamment, mais seulement à 3 ou 4 tours par minute.

(19 juin.)

Visite aux mines de Harris Navigation.

Arrêt à la station de Quakers Yard. — Chemin de fer de Cardiff à Merthyr Thydfil.

Production journalière, 900ᵗ par un seul puits.

Il y a 650 ouvriers dans le poste à charbon d'une durée effective de 9 heures, plus 150 qui sont occupés dans le poste aux réparations.

Le puits d'extraction a 5ᵐ,18 de diamètre et une profondeur de 640 mètres, Pl. II, Fig. 11.

L'extraction se fait par câbles ronds en acier de 0ᵐ,0508, s'enroulant sur des tambours cylindro-spiroïloïdes.

Les cages sont à deux étages et deux chariots par étage placés bout à bout.

Le guidage, comme à Nixon, n'existe que d'un seul côté des cages et consiste en forts rails en fer fixés contre les moises et embrassés par les coulisseaux des cages. La durée de l'ascension n'est que de 60″, soit 80″ pour la manœuvre entière.

La charpente est en fer et supporte des poulies de 6ᵐ,40 de diamètre.

On pourrait avec cette puissance de production atteindre facilement une extraction de 15 à 1800ᵗ en 10 h. de travail, mais la mine est loin de pouvoir fournir ce chiffre et l'on ne dépasse pas 900ᵗ par jour.

Toute l'installation de ce siège est du reste établie d'une manière luxueuse à laquelle ne correspond malheureusement pas la puissance et l'avenir des couches.

En prévision d'une forte agglomération ouvrière, la Cie a fait construire un grand nombre d'habitations élégantes formant un village entier et qui respirent un air de très grande propreté et de confort.

La machine est du genre vertical à deux cylindres placés symétriquement de chaque côté du tambour spiraloïde, le tout renfermé dans un immense bâtiment et formant une installation vraiment grandiose, mais comme nous l'avons dit, disproportionnée avec les ressources du puits. La Fig. 1, Pl. II, donne la disposition de l'ensemble de cette installation.

Machine d'extraction.

On se fera une idée des sommes énormes dépensées pour l'installation générale d'Harris, quand on saura que le bâtiment seul de la machine a coûté 75.000 fr.

Le diamètre des cylindres est de 1^m,37 ; 2^m,13 de course. La distribution se fait par soupapes avec détente à moitié course.

Le changement de marche se fait facilement avec un appareil spécial dit servo-moteur.

La pression aux chaudières est de 50 livres par pouce carré correspondant à 3 kil. $^1/_2$.

Tous les signaux du jour et du fond sont transmis par l'électricité. Un cadran indicateur de la marche des cages est placé sous les yeux du machiniste.

En résumé, cette installation présente un ensemble des plus complets et d'une puissance bien supérieure à tout ce que nous avons vu jusqu'à ce jour.

Et nous devons ajouter que tout serait parfait si la propreté des divers organes des machines répondait à leur importance.

La vapeur est fournie par une batterie de 20 générateurs non couverts et qui alimentent en même temps les machines d'un double compresseur.

Chaudières.

L'introduction de l'air s'y fait à la fois par cinq soupapes d'un faible diamètre, afin de diminuer la résis-

Compresseurs.

tance à la levée, et l'évacuation de l'air a lieu par un grand clapet. Les cylindres sont renfermés dans une bâche à eau qui se renouvelle peu et atteint une température de 70 à 75°.

Le diamétre des pistons compresseurs est de 1ᵐ,12 et la course 1ᵐ,83.

Ventilateurs. — Les appareils d'aérage sont du système Scheele, Pᴌ. II, Fɪɢ. 2, 3 et 4, tournant à une vitesse de 125 à 130 tours pour une vitesse du moteur de 50 à 52 tours.

Le volume d'air engendré à cette vitesse est de 100.000 pieds cubes par 1′ correspondant à 44 ou 45 mètres cubes par 1″.

Deux machines motrices identiques sont montés sur le même bâti (voir croquis) afin de pouvoir se suppléer sans arrêt.

La conduite du ventilateur se fait par courroie. (Voir d'autre part la disposition générale de machines motrices.)

Pompes d'épuisement. — Cet appareil est une vieille pompe dite de Cornwall à balancier en l'air, cataracte, basse pression et condensation.

Diamètre du cylindre 2ᵐ,50, course 3ᵐ,35.

Cette machine ne donne que deux coups par 1′ et produit 230 gallons ou 1.085 litres par coup de piston.

Lampes et lampisterie. — On fait usage dans cette mine, dont les travaux sont assez grisouteux, de la lampe Williamson à double verre et prise d'air par le fond.

Cette lampe est réputée à cause de sa grande sûreté. La couronne en cuivre renfermant les petits trous d'introduction d'air se nettoie aisément en exposant la bague à un jet de vapeur.

Méthode d'exploitation. — Rien de particulier à signaler sur la méthode qui est celle de Long wall ordinaire suivie à Cymmer, où l'on exploite la même couche dans son amont-pendage.

VOYAGE EN ANGLETERRE

————

RAPPORT

*Coup d'œil d'ensemble sur les installations des mines du Sud
du pays de Galles. — Situation commerciale du bassin. —
Importance du port de Cardiff. — Qualité des produits. —
Puissance et bon agencement des installations.*

La visite des houillères du Sud du pays de Galles Résumé.
est assurément une des plus intéressantes à faire en
Angleterre, tant au point de vue de leur importance que
surtout de leur création récente. Il en résulte que certaines installations présentent les procédés les plus
nouveaux, les plus perfectionnés et en même temps les
plus grandioses. Les belles installations d'Harris et de
Nixon sont dans ce cas.

La richesse des couches exploitées et leur qualité
exceptionnelle comme charbon à vapeur, jointes au voisinage du port de Cardiff qui permet aux bâtiments de
venir s'approvisionner à proximité des mines, sont autant de causes de l'importance de plus en plus grande
de ce bassin.

Le vaste port de Cardiff, qui, il y a 21 ans, en 1862,
lors du voyage de MM. Chagot et Audemar, chargeait
déjà 15,000ᵗ par jour, est arrivé aujourd'hui, avec le développement puissant de ses docks, à charger journel-
lement l'énorme quantité de 25,000ᵗ en navires qui vont
en France, en Espagne et dans les pays les plus éloignés transporter à des prix relativement peu élevés un
excellent combustible.

La ville de Cardiff elle-même a participé à cet énorme accroissement commercial et tend à devenir un
centre industriel considérable ; la population dépasse
100.000 h. Le voyageur est frappé de l'animation et de
l'activité qui y règnent. Particulièrement à l'heure où
les docks et les usines ferment, les rues sont envahies
par un flot d'ouvriers.

Nous ne terminerons pas ce court exposé et nous ne

quitterons pas Cardiff sans offrir à MM. Guéret, riches commissionnaires français, nos plus vifs remerciements pour leur obligeance sans égale à nous faciliter la visite des différentes mines avec lesquelles ils ont des relations d'affaires, ainsi que pour la gracieuseté et la cordialité de leur hospitalité.

D'autres mines eussent été à voir dans ce district, mais le temps limité de notre voyage ne nous permit pas d'étendre davantage nos courses. Nous regrettions particulièrement d'être obligés de quitter Cardiff sans pouvoir rencontrer l'Inspecteur des mines de Sa Majesté, M. Galloway, qui s'est distingué par de nombreux travaux sur le grisou et dont les conseils nous eussent été très profitables.

Nous quittions Cardiff le 19 au soir pour nous rendre à Derby, où nous devions principalement étudier sur place, dans les mines de Shipley, les essais d'abatage à la chaux.

(14 juin.)

Visite aux usines d'agglomérés des environs de Cardiff.

Pour occuper la matinée de ce jour, nous fûmes visiter, accompagnés de M. Cappel, employé de MM. Guéret, plusieurs usines d'agglomérés des environs.

Il ne faut pas s'attendre à voir des usines grandement installées et pouvant produire de grandes quantités de briquettes. Ici tout est simple, presque primitif, le confort est sacrifié au prix de revient, qui est toujours très bas et ne dépasse pas $1^f,25$ par tonne.

Nous avons visité plusieurs petites usines, échelonnées le long du petit canal de Glamorgan et dont la production ne dépasse pas 150^t.

Dans la première usine on fait usage de la presse Mazeline ; les briquettes pèsent 9^k, et subissent une pression de 34^k p. c. q.

La quantité de brai est de 8 à 9 %, et on force cette dose pour les briquettes à grande résistance de la marine.

La machine donne 24 briquettes par minute et produit 130 tonnes en 10 h. Il existe deux machines semblables, mais une seule était en marche.

Le menu qui sert à la fabrication arrive par les petits bateaux du canal situé à quelques mètres de l'usine ; il est déchargé directement dans la fosse où plonge la chaîne à godets qui le relève jusqu'à un trommel classeur qui le divise en menu propre à la fabrication et non lavé et en chatilles ou braisettes qui sont revendues au commerce.

Les deux presses n'exigent que 31 ouvriers, et 21 quand une seule est en marche.

Les frais de fabrication, tout compris, sont de 1f,25 par tonne.

Il se fait fort peu de déchets.

Les briquettes sortant de la presse sont enlevées à la brouette et sont transportées directement dans les petits bateaux du canal.

La contenance de ces bateaux n'est que de 25 tonnes, ils conviennent parfaitement au faible tirant d'eau et à la petite section des canaux anglais. Les attelages sont bons et leur marche très rapide.

Dans une 2° usine, qui est à proximité du chemin de fer et du canal, une partie des produits s'écoule par voie ferrée. Les briquettes au sortir de la presse sont reçues sur des toiles sans fin qui les transportent au lieu de chargement.

Le malaxage se fait à la vapeur. Tout le système mécanique est mû par un moteur à vapeur à un seul cylindre horizontal qui ne présente rien de particulier. La vapeur est produite par trois chaudières à foyer intérieur alimentées par des menus ; le tout est renfermé sous un bâtiment couvert.

(Mercredi, 20 juin.)

Visite à Shipley Colliery. — Descente au puits Woodside.

Abatage à la chaux. On exploite dans ce puits par la méthode de Long wall une couche de 4 pieds dont on n'extrait que trois. La partie inférieure, qui est tendre et plus impure, est réservée pour faire le havage.

MM. Sébastian Smith et Moore, qui exploitent le brevet d'abatage à la chaux, imaginé par Moore, ont établi sur le puits Woodside, appartenant au duc de Mamby, une fabrication de cartouches de chaux qui consiste :

1° En une meule pour écraser la chaux ;

2° Un blutoir pour l'obtenir en poudre fine ;

3° Une presse pour la fabrication des cartouches.

Cet atelier, peu important, suffit largement à la consommation du puits Woodside et aux expéditions à l'extérieur. Sur trois presses à cartouches, une seule était en activité.

Malgré tout le bruit qui s'est fait autour de cette invention, nous avons été surpris de constater que ce procédé ne s'était pas développé dans les autres mines. Cependant de nombreux essais ont été faits, et nulle part, sauf à Cymmer, où l'ingénieur paraît satisfait du système pour le rabatage au rocher des galeries, on n'a pas poursuivi les esssais d'abatage au charbon en donnant pour raison que le *procédé était trop lent* et faisait perdre du temps aux ouvriers. Nous verrons dans la description du système que les ingénieurs anglais n'ont pas tous les torts.

Du reste, à Shipley, où l'on est intéressé à étendre ce système d'abatage, de tous les nombreux fronts de taille qui existent dans le puits Woodside, un seul est mené par l'abatage à la chaux, et encore nous ne som-

21

mes pas certains qu'il n'ait été mis en activité spécia-
ment pour notre visite qui était attendue.

Dans ce système, il s'agit de remplacer la poudre et les autres matières explosibles par des cartouches de
chaux vive ou caustique.

Voici comment l'on opère :

Après avoir réduit de la chaux en poudre très-fine,
on la solidifie en forme de cartouche de 2 pouces 1/2,
$0^m,065$ de diamètre et 0^m08 de hauteur, sous l'action
d'une pression de 40 tonnes environ. Puis on enferme
ces cartouches dans des boîtes hermétiquement fermées
pour les garantir de l'humidité, et on les transporte à la
mine où l'on doit en faire usage.

Les cartouches sont fabriquées par une machine ou
presse hydraulique faite spécialement à cet effet et qui
peut être installée à très peu de frais, sans grande
gêne dans chaque mine.

Pour faire usage de ces cartouches, on creuse d'abord
un trou de mine dans le charbon, d'après la méthode
ordinaire, ou mieux comme on le fait à Shipley, au
moyen d'un perforateur à mèche, mis en mouvement
par un double cliquet ; puis on introduit dans ce trou
un tube en fer d'un demi-pouce de diamètre environ
et d'une longueur égale à la profondeur du trou.

A la partie inférieure du tube est pratiquée une fente
et les parois sont percés dans toute la longueur d'un
certain nombre de petits trous.

Le tube a été enfermé préalablement dans une gaîne
de calicot qui ne laisse libre que la partie supérieure à
laquelle on a adapté un robinet ; puis on introduit des
cartouches dans le trou de mine, on les presse légèrement
afin qu'il ne reste pas d'intervalles entre elles, et on
fait un bourrage comme pour les cartouches de poudre
ou de dynamite.

Alors, à l'aide d'un tuyau flexible, on fait pénétrer dans

le tube, après avoir ouvert le robinet de la partie supérieure et avec le secours d'une pompe foulante, une quantité d'eau d'un volume égal à celui de la chaux des cartouches.

Quand l'eau est arrivée à la partie inférieure du tube, elle en sort par la fissure qui s'y trouve et par les trous pratiqués dans les parois, elle traverse la gaîne de calicot, s'infiltre dans les interstices et pénètre dans la chaux des cartouches qu'elle finit par saturer complètement en chassant tout l'air devant elle.

On ferme alors le robinet de manière à empêcher la sortie de la vapeur produite par l'action de l'eau sur la chaux et l'on enlève le tuyau qui a amené l'eau de la pompe au tube.

Entre le moment qui s'écoule depuis l'introduction de l'eau dans le tube et la production de la vapeur, il se passe un laps de temps assez long (1 minute 1/2 environ) pour qu'il n'y ait aucun danger, comme cela a été d'ailleurs prouvé par l'expérience. (1)

C'est donc l'action de la vapeur qui opère d'abord et détache le charbon, puis l'œuvre est continuée et achevée par la force expansive de la chaux.

La pression de la vapeur, d'une charge ordinaire de sept cartouches, peut être évaluée à 2.850 livres par pouce carré ou 200^k par centimètre carré. (Des expériences directes faites à Montceau ont prouvé que cette pression pouvait atteindre et probablement dépasser 250^k p. c. q.)

Quant à la force expansive de la chaux, on ne peut en juger qu'en comparant le volume de la chaux quand elle est éteinte avec celui des cartouches.

-----

(1) Les essais entrepris à Blanzy, sur l'abatage à la chaux, ont au contraire prouvé que ce procédé n'était pas sans danger. Un coup peut débourrer inopinément, et la chaux, lancée avec violence dans l'atmosphère, peut causer des brûlures très graves aux ouvriers.

M. Paget-Mosley a mis sous les yeux des membres de l'Institut deux tubes qui ont été brisés par des cartouches alcalines dans des conditions analogues à celles de l'exploitation des mines.

L'usage de ces cartouches dans les mines a encore l'avantage d'économiser du temps, l'opération dure à peine 17 à 18 minutes (1); de plus la pression progressive exercée sur la houille produit extrêmement peu de menu.

Bien que les inventeurs, MM. Smith et Moore, aient déjà pris un certain nombre de brevets, et que leur procédé ait été appliqué avec succès depuis quelques mois dans les mines de Shipley, dans le Derbyshire, on ne sait encore s'il pourrait être mis en œuvre dans toutes les mines.

Mais lors même que l'application de ce procédé serait limité, il n'en rendrait pas moins des services importants et serait un bienfait pour la population minière.

D'après ce que nous avons indiqué, on voit que ce système supprimerait les chances d'explosion par suite des coups de mine à la poudre ; il ferait disparaître en même temps le grand nombre d'accidents provenant de la chute des blocs de charbon ; enfin il serait très avantageux pour le propriétaire de la mine, parce qu'il y aurait économie de temps et de dépenses, et en outre,

---

(1) Ce temps ne comprend ni la préparation du chantier, ni le forage des six à huit trous de mine de 0^m,80 de profondeur, destinés à recevoir les cartouches de chaux.

La préparation du chantier, qui est le point capital pour la réussite de ce mode d'abatage, comprend le havage fait au sol de la couche, sur une profondeur de 0^m,80. Ce havage, pour un front de taille de 8 à 10^m, exige, à lui seul, un poste entier de 8 heures, en y comprenant le forage de 6 à 8 coups de mine et le calage du charbon dans la hauteur du havage.

Ce temps fort long de la préparation du chantier, qui pourrait être réduit des 2/3 en utilisant une machine à haver, est certainement la cause de la répugnance qu'éprouvent les exploitants anglais pour l'application et le développement de ce système ; c'est aussi la raison qui le fait rejeter en l'accusant de lenteur.

parce que *les pertes en menu seraient à peu près nulles*.

Les expériences auxquelles nous avons assisté et les divers renseignements que nous ne manquions pas de prendre dans toutes les mines que nous avons visitées, tendent au contraire à prouver que, si ce procédé n'entre pas d'une manière générale dans la pratique des mines, c'est, d'une part, à cause du temps perdu par les ouvriers, d'autre part par son insuccès dans les charbons durs et nerveux.

La description détaillée des expériences qui ont été effectuées à Montceau, rappelées à la fin de ce rapport, viennent pleinement confirmer l'opinion des exploitants anglais.

Machine d'extraction. L'extraction du puits Woodside se fait par une machine à 2 cylindres horizontaux de $0^m,75$ de diamètre et $1^m,22$ de course. La distribution se fait par un système spécial breveté Robinson, construit par MM. Thornewill et Warham, ingénieurs à Burton-on-Trent, dont le croquis est joint et qui présente, d'après les inventeurs, les avantages suivants :

1° Réduction du prix d'achat ;

2° Construction simple, et nombre beaucoup moins grand de parties qui travaillent ;

3° Usure moins grande ;

4° Il évite le bruit que font les soupapes actuelles, et supprime tout bruit dans la chambre de la machine;

5° Facilité de renverser la marche.

Les câbles sont ronds et en acier, ils s'enroulent sur des tambours cylindriques d'un diamètre de $3^m,65$.

Profondeur du puits, 186 mètres. Diamètre, 4 mètres.

Guidage double en bois, soutenu de distance en distance par des pièces de bois encastrées dans la maçonnerie. (Voir PL. II, FIG. 6 et 7.)

Les cages, du poids de $1,500^k$, sont supportées par

six chaînes, dont deux de sûreté, et élèvent deux chariots avec une très grande vitesse.

La course seule n'exige que 15″.

La charpente à molettes est en bois et ne présente
rien de particulier.

Système Guibal de 9 mètres de diamètre tournant à
une vitesse de 60 tours et accusant une dépression de
25 à 32 $^m/^m$; volume produit : 45^{m3} par 1″. Deux moteurs
semblables, dont un de relai, sont établis dans le même
bâtiment. Ces machines sont parfaitement tenues.

Ventilateur.

En général, dans les mines anglaises, les écuries
intérieures sont parfaitement installées et très bien tenues. Il est vrai que la solidité du toit dss couches se
prête admirablement à ces installations.

Écuries intérieures.

Celles de Shipley, qui forment le type le plus com-
plet de toutes celles que nous avons vues, présentent
les dispositions suffisamment indiquées par les Fig. 8,
9 et 10, Pl. II.

Elles réunissent les chevaux de toute la mine, au
nombre de 25 à 30.

Dans une grande galerie de 5 mètres de large, on
dispose les stalles qui ont 1^m,82 de large, et 3 mètres
de profondeur ; une voie ferrée qui sert à l'enlèvement
des fumiers et à l'écoulement des liquides, règne derrière les chevaux, et le fond des stalles est fermé par
un mur dans lequel se trouvent pratiquées des ouvertures servant à introduire le foin.

Une 2me galerie, plus étroite que la 1re, existe également tout le long des écuries et sert à amener le foin.

On y fait circuler un courant d'air assez vif pour bien
assainir cette installation.

Les harnais sont suspendus dans une espèce de pla-
card ouvert, réservé dans le mur qui ferme les écuries,
derrière les chevaux.

(21 juin)

Visite des mines de Clifton, près de Nottingham.

(On s'y rend par cab, depuis la station de Nottingham.)

Deux puits de 4 mètres de diamètre sont en exploitation et produisent, entre les deux, 800¹, chiffre qui peut être de beaucoup dépassé.

On exploite, à 242 mètres, 2 couches situées à 17 mètres l'une de l'autre, la 1ʳᵉ de 1ᵐ,21, et la seconde 1ᵐ,52.

La 1ʳᵉ est du charbon friable et brillant, analogue à celui de Montceau, moins estimé que celui de la seconde qui renferme 4 pieds de Cannel-Coal, très recherché pour la fabrication du gaz.

Il existe, dans cette région, un niveau d'eau qui exige de cuveler les puits.

Ceux de Clifton sont cuvelés en fonte sur 90 mètres de hauteur.

Machines d'extraction.
Elles sont à deux cylindres horizontaux,

L'une n'a que 0ᵐ,33 de diamètre et 1ᵐ,80 de course. Elle commande un tambour cylindrique de 4ᵐ,86 de diamètre, sur lequel s'enroulent des câbles en acier galvanisé ayant 35 ᵐ/ᵐ de diamètre et pesant 4ᵏ,800 par mètre. Ces câbles durent de 3 à 4 ans. On a pris le parti d'essayer la galvanisation dans l'un des puits où il tombe de l'eau, parce que la durée n'était que d'un an.

La course se fait en 30″, y compris la manœuvre qui ne prend que 4 à 5″.

Les cages sont à deux chariots sur le même palier, contenant 500 à 750ᵏ, suivant leur remplissage. La grande célérité apportée dans les manœuvres est favorisée par un système particulier de décagement des chariots analogue à celui de Cymmer.

La note qu'on lira plus loin, p. 30, accompagnée de croquis à l'échelle, est la traduction détaillée du procédé de décagement mécanique, système Fischer, appliqué à Clifton.

Charpente à molettes en bois. Guidage par câbles guides.

Les chaudières sont couvertes et à foyers intérieurs.

La machine d'extraction du 2ᵉ puits, plus puissante que la 1ʳᵉ, a 0ᵐ,60 de diamètre et 1ᵐ,50 de course ; elle est également à deux cylindres horizontaux sans détente.

Les câbles s'enroulent sur un tambour cylindrique de 3ᵐ,65 de diamètre.

Ces machines sont bien établies et sont analogues aux compresseurs Revollier, de Montceau. Elles ont deux cylindres dont le diamètre est de 0ᵐ,33 et la course 1ᵐ,52. Elles marchent à 14 ou 15 tours par 1', l'échauffement de l'air est peu considérable.

Les travaux de Clifton sont aérés par un foyer intérieur dont la production est de 45ᵐ³ d'air par seconde.

Le foyer est situé à 15ᵐ,30 au-dessus de la recette du fond, soit au niveau de la couche supérieure et à 227 mètres du jour.

On y brûle un chariot de charbon, soit environ 4 à 500ᵏ par heure. Les dimensions principales de la grille sont : Largeur, 2ᵐ,45 ; longueur, 3ᵐ,65. Il en existe qui sont beaucoup plus considérables, et dont les grilles, au nombre de deux, ont chacune les dimensions de celle de Clifton.

La distance du foyer au puits de sortie est assez éloignée, 25 à 30 mètres, pour que les flammes n'arrivent pas jusqu'au puits ; néanmoins, de nombreuses étincelles, particulièrement quand on tisonne, pénètrent jusqu'au puits et sont entraînées par la masse d'air.

Le foyer est alimenté, en général, par l'air des travaux ; cependant une disposition particulière de galerie et de bure permet, quand le grisou se montre dans un quartier, de ne lancer l'air qui a circulé dans ce quartier qu'à 15 ou 20 mètres au-dessus du foyer ; mesure certainement insuffisante pour parer à un accident.

Une galerie voûtée entoure et enveloppe complètement le foyer. Les parties en contact des flammes sont en briques réfractaires.

Le chargement de la grille se fait à l'avant du foyer, qui reste complètement ouvert et par où s'introduit l'air de la mine. Il existe deux ouvreaux sur un des côtés, qui servent au besoin à étendre le foyer et augmenter son action aspirante. Généralement ces ouvreaux sont grossièrement fermés par des portes.

Trainage mécanique par corde sans fin. Deux machines motrices, à air comprimé, sont installées au fond, au voisinage des recettes ; l'une a $0^{m},35$ de diamètre et a $0^{m},800$ de course. Les engrenages conducteurs sont dans le rapport de 5 à 1.

Le câble conducteur s'enroule 3 fois sur le tambour pour obtenir suffisamment d'adhérence.

Ce câble sans fin donne le mouvement à deux autres câbles sans fin qui desservent des embranchements situés à droite et à gauche de la direction principale. (Voir PL. 3, FIG. 9 et 10.)

Les poulies qui commandent ces câbles sont folles et peuvent être entraînées ou laissées libres par un système spécial placé au-dessous de la voie.

Le matériel roulant est en bois, la voie est de $0^{m},64$. La vitesse du câble est de $2,400^{m}$ à l'heure, ce qui produit huit chariots à la minute.

Toutes les commandes du traînage ou les accidents impliquant un arrêt des machines, se font au moyen de signaux électriques fort simples. Deux fils de fer galvanisés règnent sur tout le parcours à une faible distance l'un de l'autre et il suffit de les rapprocher et de les mettre en contact pour établir le courant qui fait mouvoir une sonnerie.

La 2me machine intérieure conduisant une 2me traction par corde sans fin est à deux cylindres verticaux de 0^m,43 de diamètre et 0,^{m}76 de course.

La vitesse du brin est la même que dans le 1er cas.

Le mode d'attache est fort simple et réussit très bien. Le câble de traînage se tenant près du sol de la galerie, lorsqu'un chariot arrivant des tailles pénètre sur la voie d'entraînement, on le relie au câble au moyen d'une pince terminée par une boucle. Celle-ci, comme l'indique la Fig. 11, Pl. III, est placée dans l'anneau de la barre d'attelage pendant que la mâchoire ouverte s'appuye sur le câble. En laissant retomber la pièce mobile qui referme la mâchoire, l'entraînement se produit immédiatement. *Mode d'accrochage des chariots au câble.*

Le décrochage se fait aussi facilement. Pour éviter des frais de réparation des mâchoires, on forme celles-ci en deux pièces dont la partie intérieure seule est susceptible de s'user et n'entraîne pas la détérioration de l'ensemble.

C'est le système par Long wall ; l'inclinaison de la couche, qui n'est que de 1/18 ou 1^m/^{m},4 se prête bien à ce mode. *Méthode d'exploitation.*

Les galeries d'exploitation sont à 50 mètres l'une de l'autre et les fronts de taille présentent des développements de 700 mètres et plus.

L'abatage se fait à la poudre, il est facilité par un havage sommaire.

On n'a pas essayé l'abatage à la chaux, mais on pense que ce système pourrait réussir avec de grands fronts de taille. *Abatage à la chaux.*

Le toit et le mur de la couche sont assez mauvais et schisteux pour nécessiter un boisage assez soigné et fait avec de forts bois équarris et bien établis.

Le système de lampe de sûreté usité à Clifton est le type Mueseler, dans lequel la cheminée est moins longue.

La lampisterie est placée au fond, ce qui n'est pas favorable à la bonne tenue des lampes et à leur contrôle.

DESCRIPTION DE L'APPAREIL FISCHER

Pour l'encagement et le décagement automatique des chariots.

———

Cet appareil a été inventé par M. Fischer, qui l'a fait breveter en 1858. Il fonctionne depuis plus de 4 ans aux mines de Clifton, où il donne toute satisfaction.

A Clifton, les cages sont à un seul étage et à deux chariots bout à bout : poids du chariot vide, 225^k, poids du chariot plein, 800^k.

La manœuvre du fond, facilitée par des voies en pente favorable à la charge, ne demandait que 6″, tandis que les manœuvres du jour pour enlever les chariots pleins et les remplacer par des vides exigeaient 10″ 1/2 et nécessitaient 4 hommes.

L'installation de l'appareil Fischer a pu faire gagner 4″ par manœuvre et a permis de faire 61 voyages de plus par journée de 8 heures.

La description de l'appareil et les figures ci-jointes en feront comprendre le fonctionnement.

La Fig. 1, Pl. III, montre l'état des choses au moment où la cage chargée arrive près de l'orifice sous le châssis d'arrêt.

La Fig. 2, Pl. III, représente le moment où la cage repose sur les arrêts et où les chariots vides prennent la place des chariots pleins. Voici maintenant la disposition des détails de l'appareil et la description de son fonctionnement, qui permet d'effectuer l'encagement et le décagement dans l'espace de 6″.

Sur les rails A se trouvent des supports A′ fixés à la partie inférieure de la cage. Les rails se terminent d'un côté par 2 becs C et de l'autre par deux leviers C′ en dessous du plancher. Dégagement des pleins.

Au moment où celle-ci se pose sur les arrêts, les becs buttent contre des taquets D et font ainsi lever les rails de ce côté. En même temps, de l'autre côté, les leviers C′ reposent sur les taquets D′ et font baisser les rails. Le plancher de la cage se trouve donc incliné, ce qui fait sortir les pleins. Les wagons pleins sont retenus dans la cage par des arrêts E E′ contre lesquels viennent buter les essieux. Au moment où le plancher s'incline, un levier F, relié à l'arrêt E′, repose sur le taquet G, ce qui donne à l'arrêt E′ la position que l'on voit Pl. III, Fig. 2, ce qui permet aux pleins de sortir de la cage.

Au taquet C, qui est relié par un arbre aux arrêts de la cage, va s'attacher une barre N qui elle-même est reliée au levier Q. L'essieu du 1ᵉʳ plein, en buttant contre le levier Q, déprend le taquet G du lien F. L'arrêt E′ revient alors à la position Fig. 1, Pl. III, assez tôt pour arrêter les vides au moment où ils arrivent dans la cage.

Aux rails H sont attachés 2 paires de leviers J J′ pouvant se mouvoir autour de leur axe T T′. La partie supérieure O des leviers J est reliée à la tige d'un piston P. K est un cylindre oscillant de 0ᵐ,18 de diamètre et de 0ᵐ,508 de course, dont la puissance peut être, soit la pression hydraulique, l'air comprimé ou la vapeur. L'admission et l'échappement se font au moyen d'un robinet à trois voies ordinaire. Encagement des vides.

Au moment où le plancher A s'incline, le toc C appuie sur la barre S qui met en mouvement le levier coudé L et la barre M qui y est reliée. Cette dernière ouvre le robinet d'admission R, les rails arrivent alors à avoir la même inclinaison que le plancher de la cage ; les pleins et les vides, se trouvant sur une voie inclinée, se mettent en mouvement en même temps, les uns pour sortir de la cage, les autres pour y entrer. On enlève alors la cage de dessus les arrêts, le plancher redevient horizontal. La barre S reliée au robinet R redevient libre, ce qui ouvre l'échappement de vapeur. Les rails H reprennent alors leur position horizontale et sont prêts à recevoir de nouveaux chariots vides.

Tous ces différents mouvements s'opèrent simultanément et automatiquement, avec une parfaite régularité et une très grande rapidité.

Les Fig. 3 et 4, Pl. III, représentent l'application du système pour les cages à 2 étages. Le chargement et le déchargement des deux étages se font en même temps. Cette planche représente aussi une petite balance pour descendre les wagons pleins du plancher supérieur sur la recette inférieure, chaque wagon plein faisant remonter un vide.

Le chargement et le déchargement de l'étage inférieur de la cage s'effectuent comme nous l'avons expliqué plus haut, lorsqu'il s'agit d'une cage d'un seul étage.

La Fig. 4 représente la cage chargée de chariots vides descendant dans le puits. Deux pleins descendent par la balance du plancher supérieur à la recette en faisant monter deux vides.

Les deux cages de la balance sont reliées par un câble en fil de fer V faisant trois fois le tour de chacune des poulies W W'. La manœuvre des cages se fait à l'aide d'un levier Z faisant mouvoir un frein Y placé sur la poulie W'.

Le plancher de la cage de la balance est disposé comme celui que nous avons décrit plus haut. Une extrémité repose sur des taquets, ce qui incline les rails et permet aux chariots pleins de sortir seuls de la cage. Lorsque la cage de la balance qui remonte les vides atteint la recette supérieure, le plancher s'incline et les vides arrivent en R′ où ils sont prêts à être encagés.

Lorsque les deux cages sont déchargées, la cage des vides (qui est plus lourde que l'autre) descend en faisant remonter celles des pleins. La balance se trouve alors de nouveau prête à fonctionner.

La Fig. 3 représente la cage du puits reposant sur les arrêts. Aux deux étages les vides entrent dans la cage pendant que les pleins en sortent. Ceux de l'étage supérieur sont lancés jusque dans la balance et ceux de l'étage inférieur vont directement et d'eux-mêmes à la bascule.

Sur le plancher supérieur de la recette la voie des vides est en pente. Les chariots sont arrêtés par le taquet R′. En enlevant ce taquet, la pente les lance dans la cage ; grâce à cette disposition, il n'est pas besoin de mettre un appareil pour les soulever comme à la recette inférieure.

Le taquet R′ est attaché au levier N′ qui est lui-même relié au levier coudé L par la barre S. Lorsque la cage se pose sur les arrêts, elle appuie sur le taquet S, ce qui met en mouvement le levier coudé L, la barre M, et fait ainsi ouvrir la soupape d'admission (robinet à 3 voies). La vapeur arrive dans le cylindre ; les vides de la recette inférieure, se trouvant sur une pente, sont lancés dans la cage. En même temps le levier coudé L met en mouvement la barre N′ qui fait baisser le taquet R′ et laisse ainsi aller dans la cage les vides de la recette supérieure.

Lorsque la cage se soulève de dessus les arrêts, la barre S redevient libre : le taquet R′ est alors relevé à sa position primitive par le contre-poids M′ et le levier N et arrête les vides qui arrivent de la balance.

Les Fig. 5, 6 et 7, Pl. III, représentent la balance, les planchers et les voies nécessaires pour le chargement et le déchargement des cages à 2 étages.

Le plan de la recette inférieure représente les voies et les plaques pour conduire les vides à la balance ; de l'autre côté du puits se trouvent les voies pour amener les pleins directement à la bascule.

Cette disposition permet de gagner beaucoup de temps et par conséquent d'accroître la production d'un puits.

De plus, en faisant simultanément l'encagement et le décagement des deux étages de la cage, la machine n'a pas à faire de manœuvre ; il y a donc économie de vapeur, les câbles aussi sont épargnés, car on sait que ces manœuvres les fatiguent beaucoup.

Ces appareils fonctionnent actuellement à la mine de Clifton.

(22 juin)

Visite à Newstead Colliery.

Cette mine, située à 25 kilomètres environ au nord de Nottingham, appartenait autrefois au poëte Byron, qui demeurait à Newstead Abbey, dont les ruines, très visitées des touristes, se voient non loin de là. Elle appartient actuellement à M. Webbe, qui l'a achetée, il y a 18 ans, de la famille Byron.

L'ensemble des installations de cette mine est bien agencé, et c'est, certainement, une des mieux tenues que nous ayons visitées.

Une seule couche de 1^m,52, à 420 mètres de profondeur, est exploitée par un seul puits de 4^m,25 de diamètre, cuvelé en fonte dans la partie supérieure. Ce cuvelage, très bien soigné, ne laisse par filtrer une goutte d'eau.

Production : 1,200^t en 8 h. 1/2.

Machine d'extraction. Câbles. Elle est à 2 cylindres verticaux conduisant des tambours héliçoïdaux placés en l'air. Pl. IV, F. 1.

Diamètre des cylindres . . . . $1^m,01$

Course. . . . . $1^m,82$

Diamètre des tambours $\begin{cases} \text{initial} \ . \ . \ . \ . \ . \ . \ 5^m,77 \\ \text{du tambour} \ . \ . \ . \ . \ 8^m,51 \end{cases}$

La distribution se fait par soupapes sans détente ; pour éviter les chocs et les pertes de vapeur, on crée une certaine contrepression en faisant fermer la soupape d'émission un peu avant la fin de la course.

Les câbles sont en acier.

Il faut 18 tours de machine pour faire la course.

Les cages sont à deux étages et deux chariots par étage, qui sont chargés et déchargés en même temps sans mouvement de cage. *Cages.*

Les deux chariots de l'étage supérieur sont descendus au moyen d'une petite balance, le plein remontant le vide. La même organisation existe au fond.

Les cages sont guidées par trois câbles d'un seul côté.

Elles ne sont pas couvertes et sont du système à double foyer intérieur et tubulaire. Les eaux de la surface sont très chargées de calcaire argileux qui exige des nettoyages et piquages très fréquents. *Chaudières.*

On a essayé les chaudières Galloway sans obtenir de bons résultats.

On essaye en ce moment, comme moyen mécanique désincrustant, de simples morceaux de bois placés dans les chaudières.

Charpente à molettes en fer, à 4 montants légèrement inclinés sur eux-mêmes et arcboutés par des poussoirs contre le bâtiment de la machine. La hauteur de l'axe des molettes est de $23^m,50$. Il convient d'ajouter que la hauteur disponible au-dessus de la recette n'est que de 15 à 16 mètres. *Charpente et chariots.*

Les chariots sont à caisses en bois, armées de fer feuillard, système généralement adopté dans les mines du Centre ; un des petits côtés restant ouvert, ce qui n'offre aucun inconvénient puisqu'on ne charge que le gros et ce qui a l'avantage de ne pas obliger de renverser le chariot pour le culbuter : on l'incline simplement jusqu'à ce qu'on obtienne le glissement de la charge.

Les roues sont généralement en acier, et sont calées sur l'essieu qui lui-même est en acier. La paire d'essieux montée coûte 36'',25. On ne constate jamais de rupture de roues.

La voie est de 0^{m}.64.

Ventilateurs. Les appareils de ventilation, comme toutes les autres machines, sont parfaitement établis et très bien entretenus. Il y a deux ventilateurs du système Guibal, dont un seul est en mouvement.

Leur diamètre est de 11 mètres, et la largeur 3^{m},65.

La vitesse est de 40 tours par minute, produisant 75^{m3} avec une dépression de 0^{m},06.

L'aspiration se fait par une seule ouïe de très grand diamètre.

Compresseurs. Il existe, dans la même salle, deux fortes machines horizontales analogues au Revollier. Chaque cylindre est muni de 3 soupapes d'introduction et seulement 2 d'émission. Ils ont une enveloppe complète d'eau, mais on ne fait point d'injection, aussi la température de l'air est-elle très élevée, 70 à 75° ; c'est à dessein que l'on agit ainsi, afin d'éviter la formation de glace dans les machines du fond. Les soupapes d'émission sont placées en dessous.

Criblage et triage. Les chariots élevés au jour sont versés sur des cribles au moyen d'un culbuteur à frein et couloir destiné à laisser glisser le charbon sans choc et éviter le menu. PL. IV, FIG. 4, 5, 6.

Le crible est une grille à barreaux fixes, un homme, placé à côté de la grille, divise le charbon en deux qualités : l'une, charbon brillant, et l'autre, terne, la meilleure.

Chacune de ces qualités est mise, par le trieur, dans un couloir en tôle légèrement incliné, mais dont l'extrémité la plus rapprochée du wagon est relevée pour éviter que les morceaux ne se cassent en arrivant.

Ces couloirs sont à bascule et contre-poids, ils s'abaissent d'eux-mêmes lorsqu'ils sont pleins. Un homme placé dans le wagon prend les morceaux à la main et les dispose convenablement.

Malgré tous ces soins, qui peuvent paraître exagérés, il se fait néanmoins de 2 à 3 p. %, de menu dans les diverses opérations. Ce menu est repris à la pelle et criblé sur de petites grilles spéciales pour en retirer la braisette.

Ces diverses manipulations produisent 5 qualités de charbon.

Pérat { brillant / terne (cannel)

Grelat { brillant / terne

Menu   qui va aux chaudières ; quant aux pierres, il n'en existe pas.

Le charbon brillant se vend au chauffage domestique et le charbon terne comme charbon à gaz.

Le système suivi, comme à Clifton, est la méthode par Long wall. Les fronts de taille ont ici des étendues de plus de 1,600 mètres. Les galeries de service sont placées à $36^m,50$ les unes des autres.

Le champ d'exploitation est limité de 2 côtés par des failles qui, quoique peu importantes, dans une couche presque plate, ont nécessité des traînages mécaniques pour exploiter en vallée.

L'abatage du charbon, facilité par le développement inusité des fronts de taille, se fait très facilement sans le secours de la poudre, qui est totalement prohibée à cause du grisou. On ne se sert que du coin et de la pince.

L'exploitation occupe 380 à 400 ouvriers, sur lesquels il n'y a que 50 manœuvres, composés eux-mêmes, pour la plupart, de gamins.

La production, comme nous l'avons dit, étant de 1,200ᵗ, il en résulte que le rendement du mineur est de 3ᵗ ½, et celle de l'ouvrier du fond 3ᵗ, ce qui est environ le triple du rendement de l'ouvrier du fond à Blanzy.

Traînage intérieur par corde sans fin. Il y a deux traînages desservant chacun un quartier. Les moteurs sont à air comprimé et du même système.

La machine principale est à deux cylindres horizontaux de 0ᵐ,406 de diamètre et 0ᵐ,914 de course.

Pour éviter la formation de glace aux échappements, en dehors des précautions prises aux compresseurs, on tient un bec de gaz constamment allumé sous les cylindres. Enfin, comme surcroît de précaution, et toujours dans le même but, on graisse les cylindres avec de la glycérine.

Le rapport des engrenages du tambour et de la machine est : : 5 : 1. La vitesse obtenue au câble est de 2 kilomètres à l'heure, ce qui donne comme maximum 5 chariots à la 1', et nécessite d'intercaler les chariots tous les 6 mètres.

Les câbles sont en acier dur dit *Plow-Steel*. Leur diamètre est de 25ᵐ/ᵐ,4. Il y a quatre ans que le premier câble est placé. Ils sont fabriqués à Newcastle, par M. Hoggie.

Les chariots sont fixés au câble qui passe au-dessus par une chaîne de 2ᵐ,50 de longueur. Une des extrémités de cette chaîne est reliée à la barre d'attelage du chariot par un crochet et l'autre extrémité est fixée au câble en s'enroulant deux fois sur elle-même, de façon que la pointe du crochet qui la termine, pénètre dans une maille et fixe le tout assez solidement pour éviter le glissement de la chaine sur le câble. Pl. IV, Fig. 7.

Il faut une certaine dextérité aux hommes de la manœuvre pour enlever ces chaînes, lorsque les wagons arrivent au point culminant, par suite de leur rapprochement. Les vases vides qui reviennent seuls par une voie spéciale en pente douce, sont attachés de la même manière.

Toutes les commandes au machiniste se font par des signaux électriques.

Cette installation de traînage est très complète et ne laisse rien à désirer comme régularité.

(22 juin.)

Visite à Cinder Hill Colliery.

En quittant Newstead, nous nous dirigeâmes vers les houillères de Cinder Hill, que nous visitâmes dans la même journée.

Ces mines sont dirigées par M. G. Fowler, qui nous a fait obligeamment l'honneur de ses installations. On exploite à 200 mètres la même couche qu'à Newstead.

On extrait 1,000^t par un seul puits de 3 mètres de diamètre.

Pour arriver à un résultat aussi remarquable, on a dû s'attacher à rendre les manœuvres, au jour et au fond, aussi rapides que possible.

Dans ce but, on monte, dans des cages étroites, trois chariots à la fois qui sont décagés et encagés par un système de pistons hydrauliques manœuvrés sous pression.

Ce système, qui est inventé par M. Fowler, est décrit dans la note ci-dessous qui nous a été obligeamment remise par cet ingénieur.

Lorsque les cages ont plusieurs étages, les manœuvres nécessaires pour amener chacun d'eux au niveau des recettes du jour et du fond causent une grande perte de temps. Avec cet appareil on ne perd pas un instant.

Quelque soit le nombre des étages, la cage est déchargée et rechargée aussi vite que s'il n'y en avait qu'un seul.

Généralement, pour une cage à un seul étage, il faut 15″ pour le déchargement et le chargement au jour et au fond. En supposant que pour le voyage, il faille 45″, une manœuvre entière exige 1′; on peut donc en faire 60 à l'heure.

Avec une cage à deux étages, le déchargement et le chargement, fait par les moyens ordinaires, prend 30″; en supposant que le temps du voyage soit comme précédemment de 45″, il faut 1′ $\frac{1}{4}$ pour une manœuvre complète, ce qui n'en fait que 48 à l'heure.

Avec une cage à trois étages, on n'en ferait plus que 40, et 34 seulement s'il y avait 4 étages.

Avec cet appareil, tous les étages sont déchargés et chargés en même temps ; le nombre total de manœuvres, dans les cas cités plus haut, serait donc toujours de 60 à l'heure.

Avec ces données, chacun peut calculer facilement le temps que fera gagner cet appareil pour un cas déterminé.

Le plus souvent, l'augmentation de l'extraction journalière d'un puits variera de 200 à 500ᵗ par jour.

Une machine, d'une puissance nominale de 100 ch., montera, avec le secours de cet appareil, autant de charbon qu'une machine de 150 ch.

C'est là un point important, lorsqu'on veut créer de nouveaux champs d'exploitation, ou bien lorsque les anciens ne donnent pas tout ce qu'ils pourraient à cause de la faiblesse de la machine.

On élève successivement les chariots vides sur les étages A A A du monte-charge, destiné à les recevoir, et par le piston hydraulique A *a*, on les amène dans une position telle, que lorsque la cage repose sur les arrêts, les différents étages soient exactement au même niveau que ceux du monte-charge.

B B B sont les étages du monte-charge destiné à décharger la cage.

Lorsque la cage est arrivée au jour, tous ces étages se trouvent juste de niveau avec ceux du monte-charge, tous les chariots pleins y sont donc envoyés à la fois.

Le monte-charge est baissé par la presse hydraulique B *b* et l'on en retire les chariots pleins à mesure que chaque étage arrive à la hauteur du plancher de la recette.

Les deux monte-charges, pour les vides et pour les pleins, sont chargés et déchargés pendant le voyage de la cage, ce qui donne un temps bien suffisant.

Le changement sur les cages, des wagons pleins par des vides, se fait sur les étages situés au-dessus du plancher de la recette par 2 béliers horizontaux *c c*; à la recette, c'est un receveur ordinaire qui fait le change-ment.

On voit qu'il y a aussi une économie de travail, puis-qu'on économise les hommes nécessaires pour faire le changement des wagons sur les étages supérieurs.

Il y a une économie encore plus grande pour les câbles. Les nombreuses manœuvres des cages les usent plus que tout un voyage, et cette source d'usure dispa-rait complètement avec cet appareil. Souvent, de ce chef seul, on économisera 3,750 fr. par an.

Il ne reste qu'à ajouter que cet appareil n'est pas seulement théorique, mais qu'il est en plein fonction-nement et qu'on en est très content.

En dehors de ce système de décagement, qui fonctionne d'une manière très satisfaisante, l'installation en général n'offre rien de particulier.

La machine d'extraction est à un seul cylindre vertical de 1^m,01 de diamètre et 1^m,52 de course ; elle conduit directement un tambour cylindrique de 3^m,65 de diamètre sur lequel s'enroulent des câbles ronds en acier de 31^m/^m,75 de diamètre, pesant seulement 3^k,470.

Cette machine, assez mal tenue, du reste, offre cette particularité que le cylindre, pour augmenter la stabilité du système, est enterré dans les massifs de maçonnerie jusque presque à la hauteur du plateau supérieur, le machiniste placé à ce niveau voit beaucoup mieux les manœuvres.

Chariots. — Le matériel est en bois avec roues en fonte, sa contenance est de 500^k et le vase vide pèse 250^k.

Chaudières. — Les chaudières sont couvertes, elles sont à un seul corps cylindrique sans bouilleurs.

Charpente et molettes. — La charpente est en bois, et les poulies en fonte avec bras en fer ; elles ont un diamètre de 3^m,65 et pèsent 1,500^k.

Ventilateur. — L'aérage est produit par un ventilateur Guibal n'offrant rien de particulier.

Puits de Bulwell.

Cinder hill Colliery (suite). Traction mécanique par corde sans fin. Pl. IV, Fig. 9. — Nous descendîmes dans la soirée, avec M. Fowler, à la fosse de Bulwell pour visiter la traction mécanique.

C'est un des rares exemples de traînage mécanique au fond, où le moteur à vapeur est placé au jour.

Le moteur à vapeur est simplement une vieille machine de locomotive, dont les roues motrices servent de volant. Diamètre du cylindre, 0^m,30 ; course, 0^m,40. Machine à 2 cylindres horizontaux à détente Meyer.

Diamètre de la poulie conductrice, 3 mètres : la gorge

est garnie de bois. Le câble est en fil de fer, il a été placé depuis 15 mois et il n'était pas neuf.

Le puits a 288 mètres de profondeur.

Le câble sans fin descend dans le puits et donne le mouvement à un tambour de $1^m,52$ sur lequel s'enroule un autre câble en acier très dur *(hard plow steel)*, composé de 20 fils, ayant seulement $9^m/^m$ $1/_2$ de diamètre. Ce tambour peut être embrayé ou débrayé à volonté, au moyen de 2 vis qui appuient un collier contre le tambour et l'entraîne par frottement.

Il est, en plus, muni d'un frein à main assez puissant pour modérer la vitesse des chariots vides, et même au besoin pour les arrêter.

Le câble n'a qu'un brin qui entraîne un convoi de 15 à 16 wagons pleins et qui à son tour est entrainé par les wagons vides.

La vitesse des trains est 8^k à l'heure.

On exploite aussi en vallée sur une longueur qui, actuellement, est de 800 mètres, et que l'on compte pousser à $3^k,200$.

On dessert ainsi, non-seulement une descenderie en ligne droite, mais également plusieurs embranchements à gauche et à droite.

L'accrochage des chariots se fait au moyen d'un crochet analogue à celui de Clifton, mais plus fort.

Dans les courbes d'embranchements, il existe un certain nombre de rouleaux verticaux en fonte pour guider le câble. D'autres sont placés horizontalement dans la voie. Des carrelets en bois placés sur le sol forcent le câble à venir spontanément s'appuyer sur les rouleaux.

Pour faciliter l'arrivée des chariots jusqu'à l'accrochage, le trainage les abandonne sur un palier un peu élevé dont le niveau est racheté par une voie en pente douce comme l'indique le croquis Fig. 10.

Une disposition analogue et inverse favorise l'arrivée des chariots vides du puits au sommet du traînage.

Mise en marche. Le machiniste du jour ne peut donner à sa machine qu'une faible vitesse, c'est le machiniste du fond qui, au moyen d'un levier qu'il a à la main et d'un cordeau, donne ou ferme la vapeur pour augmenter ou diminuer la vitesse de la machine au départ et à l'arrivée du convoi.

Des sonneries électriques sont du reste disposées dans les galeries pour arrêter au besoin tout mouvement en cas d'accident.

Un indicateur, placé dans la chambre de la machine du fond, sert à constater quel est l'embranchement à desservir.

Ce système de traction pouvant s'appliquer aux galeries plus ou moins régulières d'une exploitation a permis de supprimer complètement l'emploi des chevaux.

La perte de force, résultant de cette transmission du jour au fond, est, d'après ce qui nous a été dit, de 20 p. $^0/_0$.

Avec l'emploi de l'air comprimé, elle s'élèverait à 40 ou 50 p. $^0/_0$.

Exploitation. La méthode est le Long wall ordinaire, l'épaisseur de la couche varie de 1^m,20 à 1^m,52, dont 0^m,30 de Cannel à la base. Sa partie supérieure est du charbon brillant pour foyer domestique et passe petit à petit au Cannel dans l'épaisseur de la couche.

NOTES GÉNÉRALES

Avant de quitter les mines du bassin du Centre, nous indiquerons quelques faits généraux sur diverses branches de l'exploitation des Mines visitées.

Jusqu'à ce jour, dans toutes les houillères que nous avons passées en revue, sauf à Harris, on fait usage de lampe Clanny, dont le mode de fermeture est simplement une vis, placée soit en dessous, soit par côté. Eclairage.
Systèmes
de lampes.

Les lampes et la lampisterie sont assez médiocrement tenues. Dans un assez grand nombre de mines, la lampisterie est installée au fond, au rond du puits ; mais ce système n'est pas favorable à la bonne tenue des lampes et le contrôle est plus difficile qu'au jour.

De plus, pour éviter l'entretien, le mineur en remontant donne sa lampe au lampiste qui ne garde que le réservoir pour le regarnir d'huile et laisse la partie supérieure, compris le tamis, à l'ouvrier qui est chargé de le nettoyer.

Cette méthode, quelque primitive qu'elle paraisse, offre ce grand avantage d'obliger le lampiste à vérifier l'état de la lampe et des tissus en présence même de l'ouvrier.

On évite ainsi les contestations qui ne manquent pas de se produire quand, après coup, comme cela se fait à Blanzy et ailleurs, le lampiste signale un tamis percé ou autres dégradations.

Nous avons vu que les recettes intérieures, de même que les larges et longues galeries qui aboutissent au puits et dans lesquelles s'exécutent les traînages mécaniques, sont généralement bien éclairées, soit au gaz d'éclairage quelquefois pur, d'autres fois mélangé de grisou comme à Cymmer, soit avec des lampes à pétrole donnant de grandes flammes entièrement découvertes. Eclairage
des recettes.

Ce mode d'éclairage s'étend souvent assez loin des puits à 300 mètres et même davantage.

On voit fort peu de guidages doubles en bois, nous n'avons eu occasion que d'en voir un seul, celui de Shipley, encore les moises sont absentes et remplacées Guidages.

par de simples bouts de bois encastrés dans la maçonnerie.

En général, les puits sont guidés en câbles en fil de fer.

Les belles organisations comportent des guidages simples ou d'un seul côté par câbles comme à Cymmer et à Newstead, ou à rails en fer d'un seul côté comme à Nixon.

Câbles d'extraction.

Tous les câbles vus jusqu'à ce jour, sauf à Cymmer où on emploie des câbles plats en acier s'enroulant sur des bobines, sont en acier rond et s'enroulent sur des tambours simples ou hélicoïdaux.

Leur composition et leur diamètre sont variables avec les profondeurs et les charges à élever ; leur poids, par mètre, se tient entre $3^k \frac{1}{2}$ et 6^k.

Leur durée moyenne varie de 13 à 18 mois, et atteint parfois 2 ans.

Ventilateurs. Aérage.

Dans les deux districts des mines du Sud du pays de Galles et du Centre, nous avons eu occasion de voir les quatre systèmes de ventilation employés en Angleterre qui sont :

Pour l'aérage artificiel :

1° Le système Waddle : Appareil à grand diamètre, 13, 14 et 15 mètres, sans enveloppe, à axe horizontal et tournant à des vitesses modérées de 45 à 50 tours par 1'.

Le volume d'air engendré varie de 100 à 150,000 pieds cubes par 1', soit 45 à 70^{m3} par 1".

Ces appareils sont simples et peu susceptibles de se déranger.

Nous l'avons vu installé à Cymmer, à Nixon, et plus tard à Blantyre dans la bassin d'Ecosse.

2° Le système Scheele : Appareil à faible diamètre, $1^m,60$ à $4^m,57$, muni d'une enveloppe complète et tournant à la vitesse de 150 à 300 tours par 1'.

Le volume d'air produit approche de celui fourni par le Waddle.

Les faibles dimensions de cet appareil et ses moindres dépenses d'installation le font souvent préférer au Waddle et au Guibal.

Mais il est souvent nécessaire d'avoir, sur la même fosse, deux appareils jumeaux pouvant se remplacer en cas de réparation.

3° Le système Guibal, avec des diamètres de 9, 10, 12 et même 14 mètres, est souvent préféré aux 2 précédents.

Nous l'avons vu à Newstead où 2 appareils complets sont établis à côté l'un de l'autre et à Cinder Hill. Le volume d'air engendré est de 45 à 75^{m3} d'air par $1''$.

Si ces renseignements, qui nous ont été fournis et que nous n'avons pu contrôler, sont exacts, il y a lieu de s'étonner de la différence considérable qu'ils présentent avec ceux obtenus à Blanzy avec des appareils similaires.

En effet, pour des vitesses de 45 à 50 tours, obtenus au ventilateur de 9 mètres de Saint-Pierre, mais dont la largeur n'est que de 2 mètres, tandis que celle des appareils de Newstead est de $3^{m},50$, nous ne produisons que 18 à 20^{m3} d'air.

A Newstead, on arrive comme nous l'avons vu à des volumes de 75^{m3} pour la même vitesse avec une machine motrice de $0^{m},60$ de diamètre et 1 mètre de course marchant à 45 tours et un ventilateur de 11 mètres de diamètre.

En dehors des dimensions, très notablement plus grandes, des appareils anglais, on doit rechercher la différence dans le rendement des ventilateurs de Blanzy, particulièrement dans les sections des orifices équivalents, qui, dans les mines anglaises, par le fait des larges sections données à toutes les galeries d'aérage, atteint parfois 6^{m2} et ne descend pas au-dessous de 1^{m2}, avec une moyenne de 3^{m2}, tandis qu'à Blanzy, et particuliè-

rement à Saint-Pierre, l'orifice équivalent n'est que de
$0^{mq}95$.

4° Enfin, comme dernier type d'aérage, qui tend de
plus en plus à disparaître, nous citerons les furnaces
ou foyers intérieurs, au moyen desquels on arrive à
produire des volumes considérables d'air, mais non sans
danger pour les puits où il existe du grisou.

En résumé, l'aérage général des travaux que nous
avons visités nous a paru être dans d'excellentes conditions, et jusqu'aux fronts de taille les plus éloignés
on suit parfaitement le courant d'air. Ainsi, à Shipley,
où nous dûmes rester environ une heure aux avance-
ments pour suivre une opération entière du tirage à la
chaux, on était obligé de se garantir pour ne pas avoir
froid.

On ne peut donc s'expliquer les plus graves accidents
de grisou qui se sont produits dans les mines anglaises,
que par les accumulations de gaz qui peuvent si facilement exister dans ces vastes exploitations mal remblayées et que la moindre dépression barométrique tend à
déverser dans les galeries où un coup de mine, dont la
surveillance est encore beaucoup trop illusoire, peut
l'enflammer. C'est donc, on peut le dire, moins l'air qui
manque dans les exploitations anglaises qu'une surveillance efficace dans l'emploi de la poudre.

Et, sous ce rapport, l'emploi de la chaux pour l'abatage, s'il devenait pratique, rendrait un immense service en assurant la sécurité des mines anglaises.

Mais malheureusement les coups de mine ne se font
pas seulement dans l'abatage du charbon, mais on
peut dire qu'ils sont surtout utilisés dans les rabatages
du toit des galeries et par conséquent au rocher, et c'est
dans ces conditions qu'ils deviennent le plus dangereux,
car ils peuvent rencontrer des fissures communiquant
avec les réservoirs formés par les parties dépilées et

donner lieu à de puissants jets de grisou dont il nous a été donné de voir un exemple, comme d'autres fois ils peuvent faire naître un formidable accident.

Dans ces cas très fréquents d'abatage au rocher, l'emploi de la chaux devient tout à fait impuissant ; l'abatage mécanique avec la bosseyeuse et au coin est alors le seul remède préservatif contre les explosions.

(24 juin)

Visite à M. John Daglish,

Ingénieur, Inspecteur des Mines, dans sa propriété de Marsden aux environs de Newcastle sur les bords de la mer du Nord.

Nous devons rendre ici un juste hommage à cet ingénieur dont l'obligeance et les renseignements nous ont été d'une grande utilité dans tout le cours de notre voyage, soit pour nous indiquer les installations intéressantes à visiter, soit pour nous faciliter l'accès auprès des différents directeurs anglais.

Cet ingénieur, qui aide de ses conseils de nombreuses exploitations dans les différents districts houillers de l'Angleterre, dirige plus particulièrement la houillère de Withburn à Marsden, dont la concession s'étend à 3 milles en mer. Nous devons à l'obligeance de M. J. Daglish une note sur cette houillère dont nous donnons un extrait.

Houillère de Withburn à Marsden.

Un puits a été foncé avec succès à Withburn par les procédés Kind et Chaudron.

On avait à traverser une formation calcaire présentant des cavités ou crevasses communiquant directement avec la mer. Tous les modes de fonçage, autre que celui à niveau plein, eussent échoué dans ces conditions.

4

L'exploitation est ouverte à une profondeur de 200 mètres au-dessous de la mer, mais d'après l'ordonnance royale sur les mines, les travaux doivent être remblayés avec soin.

Dans cette région, le terrain houiller est recouvert directement par une assise de calcaire dit magnésien, quoique ne contenant pas un atôme de magnésie, d'une épaisseur de 55 mètres, renfermant de nombreuses crevasses.

En réalité, d'après M. Daglish, ce calcaire appartient au terrain permien.

Nous ne nous étendrons pas sur les moyens d'exécution du fonçage du puits de Withburn, qui ne diffèrent en rien de ceux décrits dans les divers ouvrages techniques ; il nous suffira de donner quelques-uns des résultats obtenus.

Il y a eu deux puits de foncés.

	grand puits	petit puits]
Diamètre des puits non cuvelés	4^m,575	4^m,270
id. id. à l'intérieur du cuvelage . . . . , . . .	3^m,960	3^m,660
Hauteur du cuvelage.	86^m,92	85^m,40
Coût du cuvelage (matériaux) .	150.000^f	112.500^f
Poids du cuvelage.	456,000^k	406,000^k
Dépenses totales du travail . ⎫ Main-d'œuvre et fournitures . ⎭	375.000^f	425.000^f
Temps d'exécution.	23 mois	20 mois $^1/_2$

Avancement moyen par jour :

Avec le petit trépan, dans le calcaire	0^m,772
id. id. dans le t. h.	1^m,060
Avec le grand trépan, dans le calcaire. . . .	0^m,390
id. id. dans le t. h.	0^m,412

Renseignements sur les attributions du personnel des mines anglaises.

Les renseignements suivants nous ont été également fournis par M. Daglish sur le personnel dirigeant les mines anglaises :

1° A la tête d'une exploitation importante se trouve un Agent, homme technique, qui s'occupe spécialement de la direction des travaux. Il ne réside pas sur les lieux et s'occupe de plusieurs affaires. Il est l'équivalent de l'ingénieur-conseil des mines françaises; on peut, cependant, dire que son influence sur les installations et la conduite des travaux est plus directe qu'en France. Entre lui et le Manager qui vient après, il n'y a pas l'équivalent de l'ingénieur en chef directeur dont il tient la place, en s'occupant lui-même des projets d'avenir et des dépenses d'augmentation de valeur qu'il discute directement avec les propriétaires des mines. Il perçoit de 500 à 1.000 livres sterling, soit 12.500 à 25.000ᶠ.

On ne compte qu'une douzaine d'Agents dans le royaume uni. Ces personnes sont distinctes des ingénieurs de l'Etat. Un Agent peut se faire, par année, de 8 à 10,000 livres, soit, environ 200 à 250,000ᶠ.

2° Le Manager est une espèce d'ingénieur résidant sur place et obtenant son grade par un examen assez sévère. Il dirige les travaux du jour et du fond arrêtés par l'Agent. Il est responsable des accidents. Ses appointements sont de 3 à 4.000ᶠ par année, il est logé sur place et chauffé.

3° L'Overman ou maître-mineur embauche les ouvriers, descend tous les jours dans les travaux qu'il ne quitte qu'avec le poste. Il reçoit 2.275ᶠ annuellement.

4° Le Fireman correspond au chef de poste français, doit faire trois fois par jour la tournée de ses travaux, pour surveiller la présence du grisou.

Il a sous ses ordres 20 à 25 hommes, et reçoit 5 shillings par jour.

5° Le roadman, ou cantonnier et boiseur, entretient les voies et les boisages, gagne 4 shillings ou 5ᶠ par jour.

6° Les mineurs et manœuvres du fond et du jour.

Un mineur est payé à la tonne extraite, variant de 11 pences à 1ˢ,3, soit de 1ᶠ,10 à 1ᶠ,55. Sa production varie de 6ᵗ en dépilage, à 4ᵗ en traçage, variable, du reste, d'après la dureté du charbon.

Dans les mines peu importantes, il n'y a pas d'Agent, c'est le Manager qui s'occupe de tous les projets de machines, d'installation, etc., et les soumet directement au propriétaire.

Associations entre ouvriers Prud'hommes. Il existe des associations entre ouvriers et patrons, sortes de Conseils de prud'hommes, auxquels sont soumis tous les différends qui peuvent se produire, soit pour le travail, soit pour tout autre cause.

La juridiction de ces Conseils est très étendue et peut intervenir d'une manière très directe pour les déclarations d'une grève. Celle-ci ne peut avoir lieu que si le Conseil des prud'hommes l'a approuvée.

Dans l'origine, les exploitants avaient crû devoir se tenir en dehors de ces Conseils ; mais alors, l'ouvrier délibérant sans le patron, les mesures étaient toujours prises contre ces derniers.

Actuellement les directeurs ont compris mieux leurs intérêts et tâchent d'agir, autant que possible, par leur influence sur les décisions à prendre. Ils arrivent ainsi parfois à détourner certains conseillers et à les faire voter avec eux.

C'est la tactique la seule possible aujourd'hui pour éviter la grève et les revendications des ouvriers.

Détente variable, système J. Daglish (1)

La machine de Silksworth, construite par M. Barclay de Kilmarnock, était, dans le principe, munie d'un système de détente variable à la main, non à chaque instant de la marche comme pour la détente Audemar, mais plutôt comme l'est le système Meyer.

En un mot, on pouvait à un moment donné régler la détente pour une fraction déterminée de la course, fraction que la machine conservait indéfiniment.

Néanmoins, dans la machine de Silksworth, il était très facile de donner le degré de détente que l'on voulait, en tournant simplement un boulon fixé sur le levier de commande.

On a récemment perfectionné ce système, en substituant des plans inclinés mobiles C, aux anciens boulons H, et en les reliant à un régulateur B (Fig. 13, Pl. IV). Cette détente, est non-seulement variable pendant la course, mais elle est aussi automatique. L'admission de la vapeur peut être diminuée indépendamment du régulateur, grâce à un espace laissé entre les écrous L et M. Un contre-poids X tient l'écrou M en contact constant avec le levier N du régulateur. Si donc, à un moment quelconque, la machine s'emporte, le régulateur agit et diminue l'admission, et par conséquent réduit la vitesse.

En pratique, le fonctionnement est le suivant :

Au commencement de la course, pendant les 4 premiers tours environ, la machine marche sans détente pour acquérir rapidement le maximum de sa vitesse ; aussitôt qu'il est atteint, le régulateur s'élève, appuie sur la tige L P et le levier X, ce qui change la position des plans inclinés C et fait ainsi varier l'admission. En

---

(1) Traduction et extrait d'une note de M. J. Daglish.

se reportant aux N°s II, III et IV, de la Fig. 13, Pl. IV, on voit que l'on fait varier l'admission en élevant plus ou moins l'extrémité K du levier P, ce qui fait échapper l'autre extrémité plus ou moins rapidement du bout R du levier Q. Tout d'abord, on obtenait ce résultat à l'aide d'une vis placée en K, que l'on ajoutait lorsque la machine était arrêtée : maintenant on obtient le même effet par les plans inclinés C, qui soulèvent une roulette fixée au levier. Ce nouveau système de détente est très utile lorsqu'on se sert de la machine pour faire l'épuisement pendant la nuit. Auparavant, on diminuait l'introduction en étranglant la vapeur.

Ce nouveau système de détente règle la quantité de vapeur admise, et on peut, à l'aide du levier D, faire marcher la machine à n'importe quelle vitesse, sans que cela donne plus de peine au machiniste que d'étrangler plus ou moins la vapeur. Dans ce cas, le régulateur devient inutile.

Tout le mécanisme de cette détente est très simple et ne demande aucun entretien. Une machine munie de ce système marche depuis 5 ans, en extrayant 1,000 tonnes par jour, et n'a donné lieu à aucun accident ni aucune réparation.

Les diagrammes que l'on obtient avec cette détente sont très beaux (Voir Fig. 14 et 15, Pl. IV). On remarquera que lorsqu'on marche sans détente, les soupapes et les tuyaux d'admission et d'échappement, bien qu'ayant été agrandis pour cette machine, sont cependant encore trop petits. Il en est toujours de même pour les machines puissantes. Aussi, pendant les quatre premiers tours, où la machine marche sans détente, il y a une forte contre-pression, surtout à la fin du coup de piston. Elle disparaît presque aussitôt que l'admission diminue. En même temps, la pression augmente dans la chaudière puisqu'on consomme moins de vapeur, de sorte que le travail utile, au sixième coup, lorsque l'admission ne se fait que pendant les 2/3 de la course, est plus considérable que lorsque la machine marche sans détente.

Les avantages pratiques de ce système sont :

1° Diminution de la quantité de vapeur employée ;

2° Il fait disparaître les oscillations brusques des câbles et augmente ainsi leur durée ;

3° Il diminue le danger de mettre la cage aux poulies en empêchant la machine de s'emporter ;

4° Il augmente l'extraction par la régularité de l'ascension des cages.

Dans les machines ordinaires, le temps employé à faire une course est très variable. Il diffère quelquefois de 20″ de l'une à l'autre. Avec cette détente il est toujours le même.

Visite à Silksworth Colliery.

Cette houillère, fort importante et passant à bon droit pour une des mines les mieux étudiées du bassin, appartient au Marquis de Londondery, qui en possède plusieurs autres. Elle est dirigée par M. J Daglish, Agent principal.

Il existe deux puits situés à 58 mètres, dont un sert à l'aérage et l'extraction, et l'autre, le principal, sert à l'extraction seule. Son organisation, très complète, comporte l'extraction simultanée par deux machines diamétralement opposées. (Voir Fig. 1, Pl. V.)

La production par cet orifice dépasse 2,000ᵗ par jour,

Le diamètre du puits est de 5ᵐ,05. Sa profondeur est de 530 mètres. On exploite deux couches de 1ᵐ,67 d'épaisseur par le système de (*pillars and boards*, piliers et galeries), c'est-à-dire par traverses normales à la direction des délits et espacées de 50 mètres. (Fig. 2.)

Le puits est guidé au moyen de rails en fer fixés,
sur des moises, des deux côtés.

Les deux machines d'extraction sont horizontales, à
distribution par soupapes et à détente, système Daglish.
(Voir Pl. IV, Fig. 13, la description de ce système de
détente et la note qui précède p. 53.)

La première machine a ses pistons fortement guidés
à l'avant et à l'arrière.

Diamètre des cylindres, $1^m,22$; course, $1^m,82$; déten-
te au $^1/_3$, pression 3^k à $3^{k} {}^1/_2$. Diamètre des tiges de piston, $0^m,203$.

Les câbles s'enroulent sur des tambours hélicoïdaux
avec contrepoids en fonte, placés dans les bobines
pour équilibrer les manivelles. Les spires du tambour
sont en tôle d'acier. Le diamètre de la 1re spire est de
$4^m,86$, celui du grand tambour est de $8^m,51$.

La durée de la course est de 22 tours en $45''$, la
manœuvre complète se fait en $70''$.

Deux freins sont placés de chaque côté des bobines,
l'un est manœuvré à la vapeur et l'autre à la main.

On fait, en moyenne, 33 cordées à l'heure. Les câbles
employés sont ronds et en fils d'acier, leur diamètre
est de $0^m,0466$ et la circonférence $0^m,14$. Leur composition est de 6 torons, 12 fils n° 11 avec âme principale
en chanvre et âmes partielles pour les torons. Leur
poids est de 5^k par mètre. Ils durent en moyenne deux
ans. Ils sont graissés avec soin toutes les semaines.

Dans cette machine, le machiniste est placé sur le
côté comme au puits J. Chagot (1) et ils ne s'en plaignent
point. Ils sont guidés dans les manœuvres par un indicateur de cage, système anglais.

Cette machine, très bien agencée, marche depuis
4 ans et il n'a pas été observé d'ovalisation dans les
cylindres. Les pistons sont du système suédois.

Machines et cages.

---

(1) De Blanzy.

Les cages sont en acier à 4 étages et à deux chariots par étage. Elles sont suspendues par six chaînes dont deux d'attente.

Les chariots sont à caisse en bois d'une contenance de 500^k. Ils pèsent, vides, 250^k chaque. C'est la première application que nous ayons vue de matériel roulant en bois, ayant les 4 côtés de la caisse. **Chariots.**

Il est culbuté à son arrivée au jour au moyen de culbuteurs à cages et couloirs en tôle pour amortir la chute du charbon. **Culbuteurs.**

La 2e machine d'extraction est semblable à la première. Les quatre soupapes sont plus rapprochées et espacées symétriquement. **2me machine.**

Les câbles s'enroulent sur un tambour cylindrique simple de 7^m,75 de diamètre.

Le contre-poids est établi au moyen de chaînes qui descendent dans un petit puits, placé sous les bobines, d'une profondeur de 45 mètres. La chaîne s'enroule sur un tambour en forme de bobine. Le diamètre initial est de 0^m,60 et le plus grand diamètre d'enroulement 2^m,10. Le poids total de la chaîne contrepoids est de 16,000^k.

Cette organisation est inférieure à la première et présente plus d'inconvénients.

On a remarqué une certaine usure dans les cylindres, dont les tiges de piston ne sont pas guidées à l'arrière, comme dans la première machine. L'eau d'alimentation est filtrée.

Les générateurs sont installés avec un soin tout particulier. Ils sont alimentés exclusivement par des poussières de charbons broyés. Trois systèmes sont employés. **Chaudières.**

1° Un groupe de six chaudières à un seul corps cylindrique, à grand diamètre, système Vicare de Liverpool.

Le chargement du combustible se fait mécaniquement. Une chaîne à godets relève la poussière à hauteur voulue pour la déverser dans une trémie d'où elle se rend sur la grille. (Voir Fig. 2, Pl. V, la disposition générale de la grille à barreaux).

Celle-ci est composée de barreaux mobiles qui se meuvent automatiquement dans des auges pleines d'eau se renouvelant constamment.

Les barreaux ont la forme indiquée, Fig. 3, Pl. V, qui représente une section transversale de 3 barreaux contigus. La partie $a\,b\,c$ formant le barreau proprement dit, supportant le combustible, est la seule mobile, les auges $a'\,b'\,c'$ sont immobiles.

Les barreaux sont assemblés deux à deux sur un même arbre qui reçoit un mouvement de translation dans un sens au moyen d'une came pendant que l'autre série de barreaux reçoit de la même manière un mouvement analogue en sens contraire.

Ces mouvements, contrariés de quelques centimètres d'amplitude, suffisent à faire tomber les escarbilles et à faire progresser la charge de l'avant à l'arrière. Les escarbilles sont excessivement ténues et exemptes de charbon. La marche générale du combustible de l'avant à l'arrière est assez lente pour que, en arrivant à l'extrémité de la grille près de l'autel, il ne reste plus que le mâchefer qui tombe de lui-même par une ouverture laissée à cet effet. Un seul chauffeur suffit à l'entretien de ces six générateurs.

2° Plusieurs autres chaudières sont du système fréquemment employé, d'un seul corps cylindrique d'un grand diamètre, avec deux foyers intérieurs et sans tubes.

3° Enfin, on utilise encore le système Newcastle Patent à alimentation mécanique de menu, au moyen de palettes en fer placées en bas de la trémie qui projette le menu sur la grille.

Les charbons sont criblés, en sortant du puits, sur des grilles fixes, et sont triés sur des toiles d'entraîne-ment analogues à ce qui se fait au puits du Magny de Blanzy.

Il n'y a que quatre trieuses qui enlèvent avec les pierres environ 6 p. % de charbon de mauvaise qualité.

Le charbon est relevé ensuite par une chaîne à godets au-dessus d'un trommel qui le classe en poussière depuis zéro jusqu'à un centimètre, qui va aux chaudières, et en braisettes propres à la vente.

On retire sur le crible 33 p. % de gros et au trom-mel 25 p. % de braisettes ; par conséquent en pous-sière ou charbon de 2e qualité, on retire 42 p. % de l'ensemble.

Le charbon de 2e qualité provient d'une barre de $0^m,05$ que contient la couche qui donne beaucoup de menu. Il y a environ $0^m,91$ de bon charbon à gaz et coke.

On fait usage de la lampe type Mueseler munie à l'in-térieur du verre d'un réflecteur qui a pour but de con-centrer la lumière sur un point.

Le lampiste n'a pour fonction que de renouveler la provision d'huile dans chaque lampe ; la partie supé-rieure comprenant le tissu, le verre et la carcasse ou chapeau, peut s'enlever d'une seule pièce et est em-portée par l'ouvrier qui est chargé de son entretien.

La lampe peut s'ouvrir sans clé, mais il existe un petit étui qui, fixé à la partie supérieure de la lampe, quand celle-ci est allumée, ne peut plus sortir sans éteindre la mèche.

Ce système, fort commode pour la mine, de laisser l'entretien de la lampe à l'ouvrier, considéré en Angle-terre comme offrant une garantie suffisante en mettant en jeu le principal intéressé, ne pourrait être admis dans les mines du Continent.

L'inspection des tissus se fait par le lampiste au moment du rallumage.

On fait usage d'huile minérale. Ces lampes sont munies de tissus à mailles très serrées et d'une cheminée dont la partie inférieure ne dépasse pas le diaphragme horizontal.

Exploitation. On divise la mine en plusieurs districts qui sont séparés par une distance de 4 piliers de 50 mètres, soit 200 mètres de chaque côté des voies, et l'exploitation y est conduite dans chacun d'eux, comme s'ils formaient des mines différentes.

Cette mine occupe 1,500 ouvriers, en totalité, tant au fond qu'au jour.

Le poste d'extraction comprend 450 mineurs qui produisent 2,000^t, soit 4 à 5^t par homme.

Aérage. Chaque district est parcouru par un courant spécial,
Foyer. dont le volume est réglé par des guichets.

Le volume d'air nécessaire à cette vaste exploitation est fourni par un foyer de 8^m,36 de surface de grille donnant 84^{m3} d'air par 1″.

La dépression au fond est de 34$^{m/m}$, au jour elle est de 61$^{m/m}$. L'orifice équivalent de Silksworth est de 4^m,09, ce qui explique la faible dépression observée. La force en chevaux représentée par le volume d'air produit est de 52.

La consommation de charbon est de 15^t par jour, ce qui correspond à 12^k par cheval et par heure.

Trainage mécanique. En dehors de 250 chevaux employés dans les travaux du fond pour le roulage, on utilise, pour le traînage des charbons, une machine à 2 cylindres de 0^m,457 de diamètre et de 0^m,658 de course.

Cette machine met en mouvement trois tambours, sur lesquels s'enroulent des câbles différents correspondant à trois tractions sur des plans différents.

Les chaudières à vapeur sont placées au fond, près

de la machine, et la chaleur des foyers vient se joindre à celle de la Furnace pour activer l'aérage de la mine.

Le diagramme, Fig. 4, Pl. V, indique l'ensemble de l'organisation intérieure.

Le traînage se développe sur une longueur de 2,040 mètres. Il se compose d'abord d'une corde-tête et corde-queue, sur une longueur de 1,000 mètres, qui est prolongée de 1,040 mètres, par une corde-tête simple, pour remonter les pleins sur une longue descenderie, avec pente de 25^m/^{m} par mètre.

Enfin, un troisième câble analogue à ce dernier remonte du quartier de droite les chariots provenant des tailles en exploitation.

Visite à Boldon-Colliery. — Brockley Whins station.

Comme dans la plupart des mines anglaises, il existe à Boldon deux puits qui exploitent deux couches situées à une vingtaine de mètres l'une de l'autre. Leur profondeur est de 486 mètres.

Cette Société possède trois siéges importants.

La production des deux puits de Boldon dépasse 2,000^t par jour. Leur disposition est celle indiquée Fig. 6, Pl. V.

Le diamètre du puits est de 3^m,64 seulement.

La machine du premier puits est horizontale et à 2 cylindres de 1^m,01 de diamètre et de 1^m,83 de course. Machine. Cages. Câbles.

Machine à soupapes sans détente (système des lavoirs des agglomérés de Blanzy), sans contre-poids pour équilibrer les soupapes. Le levier de mise en marche est commandé par un servo-moteur.

Les câbles s'enroulent sur un tambour hélicoïdal. La première hélice a 4^m,25 de diamètre, et la dernière, ainsi que le tambour, 7^m,90.

Ce dernier est recouvert de plateaux de chêne qui ont été tournés sur place pour bien marquer l'emplacement de chaque spire du câble.

Les câbles en acier pèsent 3.800^k, ce qui correspond, pour une longueur de 600 mètres, à 6^k,33 par mètre.

Pour faciliter les réparations des machines, il existe, dans les fermes du bâtiment, un petit treuil mobile sur une voie aérienne.

Guidage. Les cages sont guidées par 4 câbles-guides ; l'intervalle disponible entre les cages n'étant que de 0^m,17, afin d'éviter les rencontres, on a suspendu entre les cages 2 autres câbles, comme l'indique la Fig. 6, Pl. V.

Le deuxième puits est armé d'une machine horizontale à 2 cylindres, de 1^m.23 de diamètre et 1^m,83 de course, à distribution à soupapes avec détente variable, système Daglish.

Les cylindres sont à enveloppe de vapeur et fourreau mobile pour permettre un remplacement facile du cylindre intérieur, lorsqu'il est usé.

Un treuil mobile dans la charpente sert aux grosses réparations.

Les câbles ronds en acier s'enroulent sur un tambour hélicoïdal. Leur poids est de 3' anglaises pour 600 yards, soit 5^k,550 par mètre. Leur charge de rupture est de 130^t.

Les poulies ont 6^m,08 de diamètre. Celles du premier puits n'ont que 4^m,86.

La plus petite hélice d'enroulement a 5^m,78 de diamètre, et la dernière, ainsi que le tambour, ont 9^m,12.

L'arbre des bobines en acier a 0^m,558 de diamètre.

Il n'existe qu'un seul frein placé au milieu du tambour.

Cette machine, beaucoup plus forte que la première, se gouverne sans l'aide d'un servo-moteur.

Charpentes et molettes. Les deux charpentes des puits sont très légères et sont construites en fer à T.

Les chaudières, comme à Silksworth, sont à grilles **Chaudières.** mobiles et fumivores, système Yuks de Durham-Grange Iron Cie. Il se compose, comme la Fig. 7, Pl. V l'indique, d'une série de chaines sans fin s'enroulant sur deux espèces de cames qui reçoivent un mouvement de rotation, au moyen d'une petite machine à vapeur de 4 à 5 chevaux.

Les maillons sont simplement des morceaux de fonte réunis les uns aux autres par des boulons.

On est très satisfait de ce système, où on ne brûle que le menu, et qui n'exige que peu ou point de réparations. Il nous a été dit qu'il y a des grilles qui fonctionnent depuis 12 ans. Le chargement du combustible se fait à la main.

Les appareils de vaporisation, très bien entendus, comme on vient de le voir, sont complétés par une grande cheminée de tirage actuellement en construction (voir les dimensions Fig. 11, Pl. V), qui aura le double but de servir au dégagement des gaz provenant de la carbonisation des fours à coke et au tirage des chaudières chauffées par l'excès des gaz.

Cette grande cheminée, de 48^m,60 de hauteur, devant recevoir les gaz très chauds provenant des fours à coke, présente cette particularité de renfermer une double enveloppe séparée par un intervalle vide, dans lequel circule de l'air froid ayant pour but de conserver la cheminée intérieure construite en briques réfractaires.

On emploie, comme à Silksworth, la méthode par **Méthode** piliers et galeries, qui est actuellement en préparation. **d'exploitation.** On a essayé la méthode par Long wall, mais le peu de solidité des rochers formant le toit n'a pas permis de la continuer.

La couche exploitée a 1^m,67 d'épaisseur.

Dans le mode de préparation de la nouvelle méthode,

on divise la mine en districts distincts, comme à Silksworth, en ménageant, le long des voies de trainage, des piliers de 132 mètres de chaque côté, dans lesquels sont réservées les voies d'aérage. Les piliers d'exploitation ont 88 mètres sur 44. L'attaque de ces piliers se fait comme l'indique le croquis Fig. 16, Pl. V. Une galerie est prise au milieu du pilier qu'elle traverse sur les 88 mètres; à l'extrémité, on commence deux tailles à gauche et à droite, dont la longueur maxima est de 20 mètres. Les tailles se raccordent à la voie principale pour l'enlèvement des charbons, et l'air montant en sens inverse se divise à droite et à gauche, en léchant le front de taille, et se rend ensuite dans le courant d'air général, en franchissant la voie supérieure par des crossings.

Trainages intérieurs.
Les dispositions des trainages, dont le diagramme général est indiqué Fig. 12, Pl. V, se font par corde tête et corde queue. Le moteur et les chaudières sont placés au fond.

Dans les trois centres d'exploitation que possède cette compagnie, on a employé trois systèmes différents pour l'installation des moteurs.

Le premier, comme nous venons de le dire, a machine etgénérateurs au fond.

Dans un deuxième centre on a placé la machine au fond et les générateurs au jour.

Enfin, dans un troisième, on a placé machine et chaudières au jour.

Le premier système est considéré comme le meilleur et le plus économique.

A Boldon il existe au fond deux machines de trainage imprimant une très grande vitesse aux cordes têtes et cordes queues, soit 4 à 5 mètres par 1″.

Les trains sont composés de 48 chariots dont le graissage se fait automatiquement de la manière suivante :

Sur la voie, de chaque côté des rails et à l'intérieur, se trouvent deux petites poulies enveloppées de caoutchouc et plongeant dans un bain de graisse mi-fluide. Elles sont rencontrées par chaque essieu au passage des wagons. Ce système perd beaucoup de graisse, la voie en est couverte sur une longueur d'au moins 15 mètres.

Dans la voie de traînage il existe plusieurs portes qui sont ouvertes et fermées par le train lui-même, en marche, sans le secours de portier, au moyen de la disposition figurée par les Fig. 8 et 9, Pl. V. *Portes à fermeture automatique.*

La porte se compose de deux voliges suspendues par des roulettes sur un rail fixé au chapeau du cadre et pouvant glisser sur elle-même normalement à la voie.

Elles sont de plus reliées à des barres de fer méplat s'étendant dans la galerie des deux côtés de la porte et sont solidement fixées à des poteaux $a\ b\ a'\ b'$. Elles glissent, dans le mouvement de recul imprimé par le premier chariot de convoi, sur des pièces $C\ d\ C'\ d$, qui les guident et les supportent. Dès que le convoi est passé, l'élasticité des barres $a\ b\ a'\ b'$, jointe à une certaine inclininaison donnée au rail qui supporte les battants, ramène le tout en place.

Ces passages de train se font avec une très grande vitesse.

Des portes latérales ordinaires livrent passage aux ouvriers.

Il existe une communication par téléphone, de la machine d'extraction au bas du puits, mais on ne se sert de cet appareil que dans des cas extraordinaires. *Téléphone.*

Des écuries pour 84 chevaux sont établies dans le fond et sont construites absolument dans le même genre que celles de Shipley, dont nous avons donné un croquis. *Ecuries intérieures.*

Nous avons vu que l'extraction se faisait par des cages à 4 étages et 2 chariots par étage ; l'encagement et le décagement se font d'une manière très rapide, par un *Recettes inférieures du puits d'extraction.*

seul mouvement de cages. Les choses sont disposées comme l'indique les Fig. 13, 14 et 15, Pl. V.

Encagement des pleins.

Les chariots pleins amenés par le tail-rope au sommet d'une rampe formant le point culminant de la galerie allant jusqu'au puits, se dirigent seuls vers la cage d'où ils chassent les deux wagons vides. Une petite balance sèche sert à descendre les wagons pleins de la recette inférieure, et l'encagement se fait également automatiquement par une déclivité de la voie.

Décagement des vides.

Les wagons vides à la sortie de la cage prennent une voie dont la déclivité leur fait franchir une certaine longueur de voie en pente inverse qui leur permet de s'aiguiller et de redescendre par leur propre poids sur la voie générale des vides m n qui les ramène au trainage mécanique.

Les étages 2 et 4 sont ainsi chargés des chariots pleins et déchargés des vides.

Par un seul mouvement de cage, qui descend celle-ci d'un étage, les compartiments 1 et 3 viennent occuper 1', 3', et la même manœuvre de chariots s'opère comme il vient d'être dit.

Nous ajouterons qu'une balance à piston hydraulique permet de remonter 4 chariots vides à la fois de la recette inférieure à celle du dessus.

Cette organisation de recette n'exige que deux hommes pour suffire à toutes les manœuvres.

La course du piston hydraulique correspondant à deux compartiments de la cage, est de $2^m,75$. Le diamètre du piston hydraulique est de $0^m,203$; la charge totale à soulever, comprenant les 4 chariots vides et le plateau, est de $3,171^k$, et le poids d'un chariot vide est de 365^k.

Pompe à colonne d'eau.

Il est fait, dans ces travaux, une petite application d'épuisement par une pompe à colonne d'eau analogue à la pompe Roux de Lucy aux mines de Blanzy.

Nous avons dit que l'on exploitait dans ce puits deux

couches qui sont situées à une vingtaine de mètres l'une de l'autre. Les eaux qui se réunissent dans la couche inférieure à un niveau plus bas que le fond du puits sont relevées par une petite pompe placée en M, Fig. 10, Pl. V, et dont la force motrice est produite par une colonne d'eau N N' qui a pour effet de remonter les eaux au puisard P d'où elles sont élevées par les cages.

Nous n'avons pu visiter cette pompe dont le système nous est inconnu.

L'aérage des travaux est produit par un foyer qui s'alimente de charbon par 4 ouvertures situées sur le côté ; on n'en utilise que deux en temps ordinaire ; on peut donc augmenter à volonté la puissance de l'aérage dans un cas donné. *Aérage.*

L'air de la mine est amené par un bure intérieur dans le puits d'aérage, à une certaine hauteur au-dessus du foyer qui est alimenté avec de l'air frais. Le volume d'air produit est de 80^{m3} par 1″.

Dans une autre exploitation de la même Société, il existe un ventilateur Guibal de 15^m,20 de diamètre.

On fait, dans les travaux de Boldon, comme du reste dans presque toutes les mines anglaises, un grand usage de toiles d'aérage pour conduire l'air jusqu'au front de taille.

Ces toiles sont en pièces de tissu fort et grossier, ayant 1^m,20 de large.

On fait un usage général de la lampe système Clanny. *Eclairage.*

Ce système d'abatage a été essayé à Boldon, mais a été abandonné par suite du temps perdu par les ouvriers. L'expression caractéristique qui nous a été faite dans plusieurs exploitations est que ce système (is too slow) est trop lent. *Abatage à la chaux.*

Visite à Monkwearmouth Colliery.

Le même jour, à 2 heures $\frac{1}{2}$, nous avons visité la houillère de Monkwearmouth, située près de Sunderland. Cette mine n'offre de remarquable que la machine d'extraction dont le type, admis il y a une douzaine d'années, est assez répandu dans les mines d'Écosse. Elle se compose essentiellement d'un fort et unique cylindre à basse pression et condensation, sans détente, donnant le mouvement à l'arbre des bobines placé en l'air et guidé par un système de double balancier, dont le point d'appui est pris dans la maçonnerie du bâtiment très élevé de la machine.

Le croquis (Fig. 1, Pl. VI) donne une idée de la disposition générale. La distribution de vapeur se fait au moyen de grandes tiges à déclic, analogue à ce qui est établi dans les machines à cataracte.

Le cylindre à vapeur a $1^m,725$ de diamètre et $2^m,128$ de course. La pression de vapeur n'est que de $1^k,5$ par centimètre carré.

Les câbles employés sont plats et en acier; ils s'enroulent sur des bobines dont le diamètre initial est de 7 mètres.

Les câbles ont 640 mètres de long pour un puits de 500 mètres de profondeur. Leur poids est de $5,475^k$, soit de $8^k,55$ le mètre. Ils sont équilibrés, comme le croquis l'indique, par une chaîne contre-poids qui s'enroule sur un tambour hélicoïdal en fonte, passe sur des poulies de renvoi et descend dans un ancien puits, à quelque distance de la machine. La durée de ces câbles est de 16 mois.

L'arbre des bobines a $0^m,495$ de diamètre.

La durée de l'ascension des cages est de un peu moins d'une minute; la manœuvre entière demande une minute et demie.

La charge totale à enlever est de 7,255ᵏ, et le poids de charbon, comprenant 4 chariots, est de 4,000ᵏ.

Cette usine a une fabrication de briques réfractaires avec les schistes extraits de la mine.

Briques réfractaires.

Les principales opérations que subissent les matières sont les suivantes :

Les schistes, après un premier concassage à la main, sont broyés sous des meules verticales tournantes. La poussière broyée est enlevée par des chaînes à godets et passe dans un trommel; la poudre fine arrive par un conduit dans un malaxeur vertical où tourne un arbre armé de palettes ; un filet d'eau donne à la pâte la consistance voulue.

Cette dernière est prête au bas du malaxeur et chargée sur un wagonnet qui l'emmène au hangar du moulage.

Celui-ci est un grand bâtiment couvert, dont le sol sur lequel sont placées les briques à sécher est chauffé par les flammes perdues des fours à cuire.

La cuisson s'opère dans des fours fermés qui contiennent de 20 à 25,000 briques.

Ils sont chauffés par un petit foyer en briques construit à l'extérieur du four. La durée de la cuisson est de 8 à 10 jours.

Une grande cheminée active le tirage, qui est réglé à volonté par des registres.

Le mille de briques revient à 21ᶠ,25 et est vendu de 30 à 31ᶠ,25.

En quittant Monkwearmouth, nous avons été visiter les quais d'embarquement du charbon sur la rivière la Weare, qui communique directement avec la mer du Nord.

Chargement des bateaux sur la Weare.

Les charbons chargés aux puits dans des wagons de 5 tonnes sont descendus par un plan incliné jusqu'au niveau de hautes estacades dont la base repose sur les quais de la rivière.

Des appareils à frein descendent d'un seul jet les wagons jusqu'au-dessus du pont du navire. Les portes du wagon sont ouvertes par l'ouvrier qui l'accompagne dans son mouvement aérien, et la charge tombe d'un seul coup dans la cale.

La Fig. 3, Pl. VI, fait comprendre suffisamment la manœuvre de ces engins qui sont très nombreux sur les quais des divers petits cours d'eau qui desservent les différentes mines du bassin de Newcastle.

(27 juin.)

Visite à Cambois Colliery.

Dans la matinée, nous nous sommes rendus aux mines de Cambois, station de Blyth. La mine est à 2^k de la station. On traverse à marée haute, dans un bac, la Blyth, qui, à marée basse, est à sec.

La houillère est sur le bord de la mer du Nord, dont le puits n'est qu'à 150 ou 200 mètres. On se débarrasse des rochers remontant de la mine en les conduisant sur une estacade jusqu'à la mer.

Cette Société possède plusieurs houillères dans les environs ; elles sont dirigées par M. Forster, qui a bien voulu nous donner tous les renseignements désirables.

Les puits de Cambois n'ont que 220 mètres de profondeur et un diamètre de $4^m,86$.

La couche a $1^m,52$ d'épaisseur. Son inclinaison se fait sous la mer avec pente de $0^m,0508$ par mètre.

Machine, cages, chariots, guidage. La machine d'extraction, du type de celle de Monkwearmouth, est à un seul cylindre vertical à balancier, distribution par soupapes mues par des poutrelles à décliquetage. Diamètre du cylindre, $1^m,725$; course, $2^m,128$; système à basse pression et condensation.

Les cages, de grandes dimensions, sont à deux étages et deux chariots par étage.

Les chariots sont à caisse en tôle sur longerons en bois. Leur contenance est de 1.300^k.

Le guidage est en rails en fer et d'un seul côté.

Les câbles sont armés de crochets de sûreté pour parer à une ascension des cages aux poulies. Ils sont ronds et en acier. La suspension des cages se fait par six chaînes dont deux de sûreté.

La charpente est en fer, elle repose sur le sol, au niveau inférieur du clichage, par quatre paliers rectangulaires en fonte.

L'orifice du puits est défendu par des barrières qui sont soulevées par les cages.

Les chariots sortant du puits sont passés sur une bascule qui donne pour tous le poids du charbon contenu. (Voir Fig. 6, Pl. VI).

Culbuteurs à frein.

Ils sont ensuite versés sur des cribles à barreaux, Fig. 4, Pl. VI, qui ne laissent passer que le menu; celui-ci tombe dans un sas relié à une romaine à cadran qui en donne immédiatement le poids.

Le menu n'est pas payé au mineur, il entre pour 30 p. % dans la charge totale.

La Fig. 5, Pl. VI, indique la disposition du culbuteur. L'axe de rotation est muni d'une poulie à frein R qui sert à ralentir le mouvement du chariot, afin d'éviter le bris du charbon, et à maintenir pendant quelques instants le chariot vide dans sa position de renversement, pour permettre au rouleur de graisser les essieux avec un pinceau trempé dans de la graisse.

La pédale P, sur laquelle il appuie le pied, sert au fonctionnement du frein.

Le bâti du culbuteur porte, à sa partie supérieure, 2 galets en fonte A qui, dans le mouvement de rotation, viennent s'appuyer dans les gorges B des parties fixes BC qui limitent la course.

Enfin, pour empêcher la projection du charbon en

avant, une tôle *H'* est supportée par 4 points à une faible distance du charbon ; elle accompagne le chariot et sert de glissoire dans la chute du combustible. Ce système, assez simple, fonctionne très bien et est très expéditif.

Pour établir le compte de chaque piqueur et éviter les erreurs, chaque chariot porte une marque mobile que l'on retrouve dans diverses autres exploitations, et qui consiste en une plaquette en fonte portant des numéros. Une ficelle passant dans des trous et retenant un petit bout de bois, complète ce système fort simple que la Fig. 7, Pl. VI, indique suffisamment.

La production du puits est de 11 à 1.200ᵗ par jour, produisant 800ᵗ de gros.

Cette mine occupe près de 600 ouvriers, dont 450 au fond. La production par piqueur est de 3ᵗ ¹/₂.

Une grande partie du personnel est logé dans de petits bâtiments à un simple rez-de-chaussée, réunis en forme de casernes qui s'étendent sur de grandes longueurs. Chaque habitation possède un petit jardin (chose rare dans les mines anglaises). Le logement et le chauffage sont gratuits.

Dans le Sud du Pays-de-Galles et dans les mines du Derbyshire, les mineurs ont à payer leur logement, mais ils sont chauffés gratuitement ; cependant, à Newstead, ils payent même leur charbon. Cette mesure a déterminé une grève qui a duré six semaines, mais les exploitants n'ont pas cédé.

Un chemin de fer à grande section relie le puits au port d'embarquement situé sur la rivière, près de Blyth.

Approvisionnement de bois d'étais. — Chose assez rare dans les mines anglaises, on remarque sur le carreau de la mine un assez grand approvisionnement de bois d'étais, essence pins et sapins, provenant des forêts du Danemark.

D'après M. Forster, la redevance sur toute la sur- Redevance Royalty.
face exploitée est de trois pences (30 cent.) par tonne
extraite.

C'est l'administration qui oblige le concessionnaire,
par mesure de sécurité, à réserver des piliers dans la
partie située sous la mer. M. Forster pense qu'il ne
serait pas plus dangereux de prendre tout le charbon
en remblayant soigneusement.

A Cambois, comme à Monkwearmouth, on utilise les
schistes provenant du fond pour la fabrication des briques réfractaires.

L'aérage des travaux se fait par deux foyers. Aérage.

Le mode d'exploitation suivi jusqu'à la limite de la Exploitation.
mer est par piliers et galeries ; les travaux s'étendent
déjà de 800 mètres sous la mer, et l'on compte s'avan-
cer de plus de 2^k.

Sous la mer, on réserve des piliers de 5 mètres, en
prenant des fronts d'attaque de 6 mètres de large. L'a-
batage se fait de la manière suivante. Afin de profiter
des délits du charbon, on commence à faire, sur la
gauche du chantier, un havage de 2 mètres de long et
une entaille ; on abat le prisme découpé ainsi sur trois
faces par un coup de mine ; on prolonge ensuite le
havage de 2 mètres et on fonce un second coup de mine.

Dans une région non située sous la mer, on procède
par long wall avec traçage particulier indiqué par le
croquis, Fig. 9, Pl. VI.

Les piliers, séparés par une bande de charbon de
5 mètres de large, comprise entre deux galeries dont
l'une sert à l'arrivée et l'autre au retour de l'air, ont
des dimensions de 80 mètres sur 80 mètres.

Les fronts d'attaque parallèles à la limite de la concession marchent simultanément pour chaque pilier,
comme s'il était isolé.

Des crossings existent au-dessus de la galerie principale d'aérage et de roulage, pour rejeter l'air vicié dans la voie parallèle du retour d'air général.

Trainage à l'intérieur. On utilise le système de corde-tête et corde-queue. Il existe, au fond, deux machines qui sont de simples locomobiles portant chacune leur chaudière.

Une de ces deux machines donne le mouvement à une corde-tête et corde-queue, l'autre commande une corde-tête seule qui dessert un plan incliné se dirigeant sous la mer et où le poids des chariots vides entraine la corde qui remonte les pleins. Cette machine commande encore une corde-tête et corde-queue allant dans une troisième direction.

La vitesse de chacun de ces câbles est de $2^m,33$ par $1''$. Ce trainage ne présente, du reste, rien de particulier.

Pompe rotative. La proximité de la mer a nécessité, dès le début, l'installation d'une pompe dont le moteur et les générateurs sont placés au fond.

Le système a la plus grande analogie avec la pompe Sainte-Marie de Blanzy, mais les dimensions sont plus réduites. La pompe Sainte-Marie a $0^m,85$ de diamètre et $1^m,10$ de course.

A Cambois Colliery, le diamètre du cylindre à vapeur est de . . . . $0^m,558$

La course est de . . . . $1^m,52$

Diamètre des plongeurs . . . . $0^m,228$

Il n'y a que deux plongeurs au lieu de quatre comme à Sainte-Marie.

Les pompes élévatoires prennent l'eau de $50^m,10$ et l'amènent en charge sur les pompes foulantes. Les eaux sont légèrement salées.

Générateurs. Quatre générateurs, dont trois sont en feu, développant une puissance de 150 ch., engendrent la vapeur pour la pompe. Ces chaudières sont du type très répandu à 2 foyers intérieurs et sont placées au fond.

Visite à Bearpark Colliery. — Station de Durham.

(On prend un cab à la station. Durée du trajet, 1 h.)

Cette houillère produit du charbon gras, utilisé en grande partie pour la fabrication du coke.

Le puits extrait 1,000ᵗ par jour, d'une profondeur de 160 mètres et de 4ᵐ,86 de diamètre.

Les cages sont guidées par des rails en fer, d'un seul côté ; elles sont à deux étages et à deux chariots par étage.

La machine d'extraction est à soupapes, à détente et condensation, du type généralement répandu dans le pays ; elle est à un seul cylindre vertical avec balancier en l'air. (Fig. 16, Pl. VII.) Diamètre du cylindre, 1ᵐ,676, course, 2ᵐ,128.

Les câbles ronds, en acier, de 50ᵐ/ᵐ,8 de diamètre, s'enroulent sur un tambour cylindrique de 5ᵐ,16 de diamètre. Il n'y a pas de contre-poids à cause de la faible profondeur du puits.

La durée des câbles est de 3 ans.

On exploite deux couches, dont l'une a 1ᵐ,21 et l'autre 1ᵐ,60 ; la première est à 138 mètres et la seconde à 160 mètres.

Le système d'exploitation suivi est le système par piliers et galeries.

On a essayé dans cette mine, comme presque dans toutes celles que nous avons visitées, le système d'abatage à la chaux qui n'a pas réussi. Dans les charbons faciles, le système est trop lent, et dans les charbons durs et nerveux, l'abatage ne se produit pas.

L'aérage des travaux est produit par un ventilateur Guibal de 11 mètres de diamètre et 3ᵐ,64 de largeur.

La lampe utilisée est du système Clanny.

Il existe, au fond, un système de traînage par corde-tête et corde-queue, dont le moteur est au jour. Nous donnons, Fig. 1, Pl. VII, la disposition de cette machine qui est parfaitement entretenue et marche à une très grande vitesse : 60 tours par 1'.

La vitesse qu'elle communique aux trains, la plus forte que nous ayons jusqu'alors observée, est de 8 mètres par 1". Cette machine est à deux cylindres horizontaux de 0^{m},508 de diamètre et de 1^{m},22 de course. Elle donne le mouvement à deux tambours qui peuvent s'embrayer et se débrayer à volonté pour changer le sens du mouvement.

Le machiniste est aidé par un gamin.

Le parcours du trainage est de 1,600 mètres.

Criblage et triage.

Toute la production du puits est versée au moyen de culbuteurs semblables à ceux de Cambois Colliery dans six grands trommels inclinés et perforés de trous de 20$^{m}/^{m}$. Plus tard, cette dimension ayant été trouvée trop faible, on les a élargis en en faisant un seul de deux, ce qui donne des trous allongés de 20 $^{m}/^{m}$ de large et de 50 $^{m}/^{m}$ de long.

La Fig. 2, Pl. VII donne la disposition de ces trommels et des tables de triage.

Le charbon qui n'a pas passé dans ces trous arrive sur une table où il est trié à la main.

Les gros sont rejetés dans le couloir de droite et arrivent directement dans les wagons de chargement. Le reste, qui se compose de gaillettes, est versé à gauche dans un couloir qui l'amène sur des broyeurs cylindriques.

Le charbon broyé et celui qui a passé directement dans les trous des trommels, se rendent dans de grandes bâches en tôle formant réservoir. Ces bâches sont encore suffisamment élevées pour que les wagons, servant au chargement, puissent passer en dessous, il suffit d'ouvrir une vanne pour opérer le chargement. Ce

criblage et triage occupe trois hommes et un gamin par
trommel.

En dehors des culbuteurs versant directement dans
les trommels, il en existe plusieurs autres qui permettent le débarras du charbon dans le cas de l'arrêt ou
d'une réparation à un trommel.

Le menu chargé dans des wagons spéciaux tronconi-
ques en tôle, est enlevé par deux toutes petites loco-
motives dans lesquelles les roues motrices sont commandées par un engrenage. Elles conduisent les wagons directement sur les fours à coke, où le chargement
s'opère simplement en enlevant le registre en tôle formant le fond du chariot.

L'usine possède 450 fours disposés sur deux lignes
de fours accolés.

Le tirage s'opère par deux grandes cheminées situées
au milieu des batteries.

Les gaz chauds, avant de se rendre dans les cheminées, servent au chauffage de huit chaudières, dont 4
par groupes. Ces générateurs, à un seul corps cylindrique, ont 20 mètres de long.

Les fours sont du type de boulanger, avec porte pour
le déchargement qui se fait à la main, Fig. 4, Pl. VII,
et un orifice dans le dessus pour le chargement. Cette
disposition générale porte en Angleterre le nom de
Bee-hive ou ruche d'abeille.

La sole des fours n'est pas chauffée par les gaz, mais
ceux-ci se rendent par des ouvreaux, situés en face de
la porte, dans un conduit général existant entre les
deux lignes de fours, et se rendent sous les chaudières
et à la cheminée.

L'allumage du charbon soumis à la cuisson s'opère en
ouvrant un petit registre communiquant avec le conduit
général du gaz.

On charge 5 à 6 tonnes de charbon par four, et la

Fabrication
du coke.

cuisson dure 72 heures. La production par jour est de 500ᵗ.

Le rendement moyen est de 63 p. %.

Le défournement s'opère à la main en arrachant le coke avec de lourds ringards que l'ouvrier appuie sur une poulie suspendue à un crochet scellé dans la façade du four.

L'extinction du coke s'opère par projection d'eau sur le coke à sa sortie du four.

Le coke produit est de bonne qualité et est vendu aux nombreuses usines métallurgiques du comté de Durham et de Newcastle.

Sa teneur en cendres, d'après un échantillon rapporté, est de 5 p. %. Ce qui doit être au-dessous de la moyenne.

Lavage du charbon.
On passe, dans un lavoir spécial, système Sheppard, analogue au Révollier ou au Bérard, Fɪɢ. 3, Pʟ. VII, les fines braisettes obtenues dans le criblage, qualité très sale, contenant 25 p. % de cendres ; comme dans ces systèmes. l'enlèvement des schistes et du charbon se fait automatiquement par chaines à godets ; c'est toujours la même eau qui ressert, on n'a à remplacer que les pertes. Ce lavoir ramène cette sorte à une teneur de 10 p. %.

En Angleterre, où d'habitude l'opération du lavage est peu pratiquée, le système Sheppard est celui qui est le plus estimé.

Le lavoir est conduit par une petite machine à vapeur à un seul cylindre qui donne en même temps le mouvement aux chaînes à godets.

On lave par jour 200ᵗ et un seul homme suffit à conduire tout le système.

Briques réfractaires.
Les fours à coke exigent une grande consommation de briques réfractaires ; on a installé une usine, comme à Cambois et à Monkwearmouth, où l'on utilise les schistes sortant du puits pour la fabrication de ces produits, qui sont d'excellente qualité.

Les manipulations sont les mêmes que dans les autres mines ; mais pour obtenir des briques rouges ne possédant pas les qualités réfractaires à un haut degré, on mélange des mâchefers broyés avec la pâte.

—

(29 Juin.)

La visite des mines de Bearpark a terminé la série des visites des mines du bassin de Newcastle, et nous nous sommes dirigés vers l'Écosse pour étudier différentes installations.

Désireux de nous renseigner le mieux possible sur les mines les plus importantes et les mieux installées à visiter, nous nous rendîmes à Glasgow, chez M. Moore, inspecteur des mines de Sa Majesté, qui mit la plus grande obligeance à nous donner tous les renseignements désirables.

Il voulut bien nous faire accompagner dans les courses qui nous restaient à faire, par son fils, M. Robert Moore, ingénieur lui-même, dirigeant un certain nombre de mines des environs de Glasgow.

M. Moore a cité, comme prix de revient excessivement bas, celui d'une houillère de son district, qui est de 2ᶠ,84, charbon rendu en wagon sur le puits, et de 3ᶠ,80, tout compris, même la redevance, intérêt et amortissement du capital. *Renseignements généraux fournis par M. Moore.*

D'après M. Daglish, la moyenne des bénéfices des mines anglaises varierait entre 0ᶠ,30 et 3ᶠ,75, soit en moyenne 1ᶠ,95 par tonne. *Prix de revient et prix de vente.*

Le prix de revient, cité par M. Moore, se décompose comme suit :

Abatage 1ʳ,450
Boisage 0 125
Divers au fond 0 150
Montage 0 216
Divers au jour. 0 266
Intérêt et amortissement 0 550
Redevance aux propriétaires de la surface
(Royalty) 0 900
Taxe, commission pour vente et frais divers . 0 143
Total. 3ʳ,800

Le prix de vente dans la même mine n'est que de 5 fr. la tonne, ce qui laisse un bénéfice net de 1ʳ,20.

En général, en Angleterre, la charge de la redevance est très lourde ; mais l'exploitant ne la doit qu'au propriétaire du sol qui, d'après la loi anglaise, possède le fond et le tréfond. Elle varie de 0ʳ,30 à 0ʳ,40 jusqu'à 1ʳ,25 par tonne extraite.

Le procédé d'application de la redevance se fait de diverses manières, d'après les habitudes du bassin houiller ou même du Comté.

Tantôt la redevance se prélève sur la tonne extraite. tantôt sur la surface déhouillée, tantôt encore sur le volume abattu.

Dans une exploitation qui s'étend sous la mer, la redevance est payée directement à l'Etat, seul propriétaire de toutes les richesses que contient le sous-sol marin. Dans ces conditions, elle s'élève à 0ʳ,30 par tonne.

En France, le chiffre de la redevance étant basé sur les bénéfices, il en résulte qu'elle est nulle quand ceux-ci font défaut, et, dans tous les cas, elle ne dépasse pas 0ʳ,20 à 0ʳ,30 par tonne extraite.

Capitaux engagés dans les mines. Les concessions de mines étant, en Angleterre, faites par les propriétaires du sol et non par l'Etat, pour un petit nombre d'années qui, dans certains districts, ne dépasse pas 30, et dans quelques autres est prolongé jusqu'à 90 ans, il en résulte que les concessionnaires doivent rentrer dans leurs capitaux dans ce petit nombre d'années. D'où la nécessité de n'apporter comme capital engagé que des sommes relativement faibles. Aussi, on cite comme exceptionnel, une Société qui s'est créée au capital de 3.750.000 francs, pour l'exploitation d'une mine en Ecosse.

Il est vrai de dire que ces errements tendent de jour en jour à se modifier par l'accroissement des capitaux engagés dans les mines, ce qui est une conséquence obligée des difficultés de l'exploitation et de l'augmentation de la profondeur.

Ainsi, dans le Sud du Pays-de-Galles, la mine d'Harris a dépensé, dans ces dernières années, 7.500.000 francs pour le fonçage et l'installation de deux puits.

En Angleterre, lorsque le terme d'une concession est arrivé, le propriétaire reprend la libre jouissance de son terrain, y compris tous les bâtiments et valeurs immobilières, routes, canaux, chemins (etc.).

(30 juin.)

Visite à Niddrie Colliery.

Mines situées à 3 milles d'Edimbourg. Gare de Portobello.

Cette houillère exploite par plusieurs puits une couche exceptionnellement très inclinée de 50 à 60°. Il existe deux couches situées à 10 mètres l'une de l'autre, dont une seule, le n° 1, est exploitée ; le n° 2, dont le toit et le mur sont beaucoup plus solides, est utilisé pour les travaux préparatoires.

L'épaisseur de la couche n° 1 est de. . . . . . 2^m,73
Celle du n° 2 est de . . . . 2^m,12

Des traverses poussées de l'une à l'autre, tous les 20 mètres en hauteur verticale, et tous les 364 mètres en plan, forment les travaux préparatoires qui sont complétés par l'exécution d'un plan dans la couche n° 2, débouchant au jour, et dont le champ d'exploitation est limité à 364 mètres de chaque côté.

La longueur totale de ce plan est de 685 mètres.

Les Fig. 6, 7 et 8, Pl. VII, donnent en plan et coupe la disposition des travaux.

Les étages d'exploitation sont pris tous les 20 mètres; ils sont divisés en plusieurs sous-étages distants de $9^m,12$; de petits plans automoteurs situés dans la 2me couche, servent à descendre les produits jusqu'à l'étage inférieur, d'où ils se rendent au plan incliné, où ils sont élevés au jour par une cage roulant sur une voie ferrée, fixée au sol de la petite couche. Elle est portée par deux essieux munis de roues de $0^m,70$ de diamètre.

Elle reçoit trois chariots d'une contenance de 350^k. Le croquis Fig. 7 indique la disposition de la cage et des chariots. On remarquera que la caisse des chariots affecte une forme rhomboïdale assez bizarre, mais à laquelle on s'est assujetti pour éviter d'entailler le toit de la couche ou plutôt le charbon laissé en couronne pour protéger la chute du rocher formant le vrai toit, qui offre peu de consistance.

La caisse des chariots, malgré leur forme, est en bois, avec armature en fer; elle est portée sur deux longerons en bois sur lesquels reposent les essieux. Les roues des chariots, aussi bizarres que la caisse, sont de simples disques en fonte évidée, comme l'indique la Fig. 9, Pl. VII.

La couche donne du charbon bitumineux et à gaz, mais ne dégage pas de grisou, et l'éclairage se fait au compte de l'ouvrier, avec des lampes à feu nu, d'un mode particulier, que représente la Fig. 10, Pl. VII. C'est tout simplement une petite burette de $0^m,06$ de haut, de forme tronconique, munie d'une anse pointue qui sert à fixer cette lampe primitive au chapeau du mineur.

Les galeries, comme nous l'avons fait pressentir, offrent, comme les chariots, une section oblique, ce qui est assez gênant pour celui qui n'est pas habitué à y circuler.

Nous avons vu comment s'opéraient les traçages ; les dépilages se prennent par le pilier le plus éloigné, entre deux plans automoteurs, rejoignant 2 niveaux contigus, et l'on enlève en une seule fois tout le pilier de 9 mètres compris entre deux niveaux. On place quelques buttes du mur au toit, et on laisse venir une partie de celui-ci, qui sert de remblai grossier sur lequel l'ouvrier s'élève pour abattre les parties supérieures du pilier.

Ce travail est assez dangereux et exige des ouvriers expérimentés.

Elle est du type horizontal à 2 cylindres, de 1 mètre de diamètre et $1^m,52$ de course ; à distribution par soupapes avec détente variable, système Daglish, comme à Silksworth. Elle conduit directement un tambour d'enroulement de $5^m,50$ de diamètre, sur lequel s'enroulent des câbles ronds en fil d'acier.

Machine d'extraction.

Les cylindres sont munis d'une soupape de sûreté.

La vitesse de la machine est rapide, et, malgré les inconvénients inhérents à l'ascension des cages le long d'un plan incliné, la course pour une profondeur verticale de 340 mètres, s'effectue en 1 minute $^1/_2$.

La production du puits est de 250 à 300^t.

Un mécanisme assez ingénieux, qui sert à établir des signaux entre le fond et le machiniste, et, au besoin, pendant le mouvement de la cage, est établi dans le local de la machine, Fig. 11, Pl. VII.

La couche présentant 2 qualités de charbon, comme l'indique la coupe détaillée, charbon terne et bitumi-

Triage du charbon.

neux dans le dessus et charbon brillant à vapeur vers le mur, l'ouvrier est tenu d'en faire le triage dans la mine en charbon terne et charbon brillant, d'une moins grande valeur. On laisse inexploité le banc inférieur qui est impur.

Au jour, les chariots sont culbutés sur des cribles où le charbon est trié et classé d'après ses qualités.

La nécessité pour le mineur de trier le charbon par qualité, et les conditions assez désavantageuses résultant de l'allure de la couche, font que la production, par ouvrier du fond, n'est que 2ᵗ.

L'aérage des travaux se fait par un ventilateur analogue au Guibal.

Dans l'appareil primitif, on avait essayé de placer l'orifice de sortie sur le côté, ce qui nuisait beaucoup à son rendement ; en plaçant cet orifice comme dans le Guibal, tangentiellement à la circonférence, on a de suite augmenté le rendement de 80 p. %.

Charpente à molettes. La disposition générale de l'installation au jour, qu'indique la Fɪɢ. 12, Pʟ. VII, donne un exemple de charpente en fer qui se réduit à peu près à deux poussoirs supportant les poulies d'un grand diamètre.

Pompe intérieure. L'épuisement des eaux s'opère par une pompe à vapeur située à 365 mètres. Elle reçoit du jour la vapeur, qui descend par un puits spécial contenant la colonne de vapeur et celle de refoulement.

La Fɪɢ. 13, Pʟ. VII, donne la disposition de l'ensemble. Cette installation est caractérisée par l'adjonction en avant du cylindre moteur d'un système propre à arrêter subitement la marche, dans le cas d'un dérangement, en agissant sur le système de distribution.

Cette machine, du système Compound, a 0ᵐ,838 de diamètre pour le cylindre à haute pression et de 1ᵐ,270 pour le cylindre de détente. La course est de 1ᵐ,82. La pression de la vapeur varie de 3ᵏ à 3ᵏ,500.

Les plongeurs ont un diamètre de 0^m,292.

Cette pompe, Fig. 13, Pl. VII, refoule d'un seul jet 15 à 16 hect. par 1' à une hauteur de 363 mètres.

Divers systèmes de soupapes pour les pompes ont été essayés et, après plusieurs insuccès, on s'est arrêté au système Fig. 14, Pl. VII, qui a donné toute satisfaction malgré sa grande simplicité. Ces soupapes, dont une simple feuille de caoutchouc de 25 ^m/_m d'épaisseur, fixée sur la partie supérieure, forme le joint, ont une durée de 2 ans et 3 mois de service. *Détail des soupapes.*

Un second système, également employé, mais qui présente moins de garantie de durée, est représenté par la Fig. 15, Pl. VII.

Il se distingue du premier par une rainure en forme de queue d'aronde pratiquée dans le siège et dans lequel on loge une garniture en bois dur recouvert de cuivre qui fait légèrement saillie.

Il existe un deuxième puits vertical jusqu'à la couche, soit sur 127 mètres, et se prolongeant dans le charbon par un plan incliné.

Le puits vertical et le plan incliné ont chacun leur machine. Celle du plan incliné élève les charbons jusqu'à la recette inférieure du puits vertical, ce qui nécessite une manœuvre.

––––––––

(2 juillet.)

Visite à Fence Colliery avec le fils de M. Moore.

Nous avons visité, dans cette journée, sous la conduite de M. Moore, un assez grand nombre d'installations de mines d'Ecosse, afin de pouvoir nous faire une opinion sur les différences qui peuvent les distinguer des mines anglaises et nous sommes descendus dans une seule, à Hamilton Colliery.

Nous décrirons donc sommairement les points saillants de ces installations, en nous réservant, à la fin de ce rapport, de donner quelques renseignements distinctifs.

Puits de Fence. Il existe dans cette houillère, dont tous les détails sont très étudiés, comme dans toutes les mines que dirige M. Moore, deux sièges d'extraction à faible production, si on établit la comparaison avec les mines anglaises.

Dans ce bassin, l'épaisseur du terrain houiller est de 1,400 mètres, offrant les divisions suivantes :

Terrain houiller supérieur . . .	600 m.	
Mildstone grit et calcaire . . .	400 m.	1,400 m.
Terrain houiller inférieur . . .	400 m.	

Les puits de Fence foncés sur le bord du bassin, étiré et relevé, ont traversé les trois divisions, tout en n'ayant que 365 mètres de profondeur.

La couche exploitée, à la profondeur de 280 mètres, se compose de $0^m,40$ à $0^m,50$ de cannel et de $0^m,20$ en charbon brillant, free-coal, que l'on réserve au chauffage des chaudières.

La faible épaisseur de la couche, dont ci-joint la coupe, Fig. 1, Pl. VIII, oblige de sortir une grande partie de rocher pour donner de la hauteur aux galeries. On monte trois wagons de schiste pour un de charbon.

La production à Fence ne s'élève qu'à 200 tonnes de cannel pour un sortage entier de 1,000 tonnes de produits, en y comprenant le rocher.

Ce rocher est entassé au jour, et pour s'en débarrasser, on a établi une petite traction par chaîne sans fin que fait mouvoir une toute petite machine.

Un des puits, qui sert en même temps à l'épuisement au moyen d'une grande pompe, n'est desservi, pour l'extraction, que par un seul câble qui n'élève que deux chariots à la fois.

Le deuxième puits est muni de cages à 2 étages et 4 chariots, guidées par câbles d'un seul côté, mais avec câble de coulantage pour éviter les rencontres ; elles sont équilibrées par un câble contre-poids attaché en dessous. Les câbles sont graissés avec soin toutes les semaines, et visités par des ouvriers spéciaux, et on cherche à conserver leur élasticité en plaçant des mises en caoutchouc sous les paliers des poulies.

Nous ne retrouvons plus ici les grandes et élégantes charpentes en fer des installations anglaises. Celle de Fence est en bois, mais le clichage est en partie couvert. *Charpente.*

Les câbles sont des cordes rondes en acier galvanisé. Ils sont laissés 18 mois en service et sont ensuite retirés quelque soit leur état.

La machine est du type horizontal à deux cylindres avec détente variable, système Daglish, comme à Niddrie. *Machine.*

Diamètre du cylindre, $0^m,90$, course, $1^m,82$,

Cette machine offre cette particularité qu'elle est dépourvue de glissières. Celles-ci sont remplacées pour guider la tige du piston par un véritable parallélogramme dont la disposition d'ensemble est représentée Fig. 2, Pl. VIII. Quoique certainement plus compliqué que des glissières, ce système fonctionne bien et sans choc. Cette machine est parfaitement tenue.

Les chariots sont en bois de 300 à 350^k de contenance.

Les chaudières sont du type ordinaire à 2 foyers intérieurs et sont couvertes.

L'exploitation de Fence donnant beaucoup d'eau, on a installé une grande pompe, système Compound, à grande détente, à condensation et distribution par cataracte. Elle présente cette particularité, comme l'indique la Fig. 3, Pl. VIII, que le balancier n'a, en réalité, qu'un seul point fixe en A, encore oscille-t-il légèrement autour du point B. *Pompe.*

Le diamètre du cylindre à haute pression est de 1^m,85, celui du cylindre de détente est de 2^m,50. La course est de 3^m,04, celle des plongeurs est de 3^m,640.

Cette pompe prend les eaux à 314 mètres. Elle donne 3 coups par minute et produit, en 20 heures de travail, 16 à 17,000^h.

Elle pourrait à la rigueur épuiser 40,000^h.

Exploitation. La méthode suivie est par long wall. Deux niveaux, réunis par un plan incliné de 0^m,33 p. m., situés à 365 mètres l'un de l'autre, servent au développement de l'exploitation. (Fig. 4, Pl. VIII.)

Des galeries prises tous les 11 mètres dans le plan, amènent les charbons à cette voie principale, d'où ils sont descendus au niveau inférieur, où est établi un traînage par corde-tête et corde-queue qui les amène au puits.

Visite à Hamilton Colliery.

Le même jour, nous avons visité les diverses installations de la houillère d'Hamilton avec M. Moore fils. Trois sièges sont en exploitation. La production journalière est de 1,200^t, d'une profondeur moyenne de 310 mètres.

Un des puits sur lequel est placé un ventilateur Guibal est surmonté d'un sas à air. Il est formé d'un immense coffre en bois avec couvre-joint, bien entretenu et goudronné avec soin, renfermant la recette et les cages (Fig. 5, Pl. VIII), et ne laissant passer absolument que les câbles sous les poulies.

Il existe, à la recette, un double système de portes, dont l'une, à coulisse, est soulevée par la cage elle-même, et l'autre est ouverte par le receveur, au moyen d'un levier.

Le puits dans lequel nous sommes descendus est

muni d'une ancienne machine horizontale à 2 cylindres, diamètre $0^m,66$, course $1^m,67$, conduisant un tambour cylindrique de $4^m,27$ de diamètre.

Cette machine est à distribution par tiroirs sans détente. Le machiniste est placé au milieu entre les cylindres. La course se fait en $35''$ et la manœuvre totale se fait en $50''$.

Les câbles sont ronds en acier dur ; ils pèsent $4^k,38$ le mètre. ils coûtent 175 francs les 100^k ; en acier ordinaire, le prix n'est que de 112 francs. Les premiers semblent faire un meilleur usage. *Câbles.*

Le système suivi est celui de *Board and pillar* (piliers et galeries). On exploite cinq couches qui ont respectivement les dimensions suivantes : $2^m,128$ — $1^m,82$ — $1^m,21$ — $0^m,917$, et enfin une 5me couche de $2^m,128$. *Exploitation.*

Le champ d'exploitation une fois tracé par pilier de 27 mètres sur 30, on commence le dépilage en prenant une tranche de 6 à 7 mètres de large, à l'angle d'un pilier, et en s'avançant de 5 mètres en soutenant le toit derrière les mineurs. A ce moment, un autre chantier est commencé d'équerre sur le premier, pendant que celui-ci recommence une 2me tranchée parallèle à la première. L'ensemble des dépilages forme ainsi une série de rectangles se pénétrant l'un l'autre jusqu'à la limite du pilier.

Le détail d'un chantier se présente comme l'indique les Fig. 6 et 7, Pl. VIII. Le front de taille est en A B, et la voie ferrée $m\,n\,p$ se déplace parallèlement à elle-même.

Une rangée d'étais assez serrés protégent le passage, et au bout de quelques jours, les mineurs enlèvent les bois les plus éloignés pour amener la chute du toit.

La charge se fait ainsi toujours sur le front de taille et contribue à faire tomber le charbon qui se fait très facilement et pour ainsi dire seul. Quelques coups de pic donnés au pied de la couche font craquer le charbon et amènent sa chute en gros blocs. Le mineur n'a plus qu'à le charger.

Cette méthode, très favorable à la grande production de l'ouvrier, exige une assez forte consommation d'étais.

Elle est, dans cette mine, de 0^f,80 par tonne, tandis qu'en général elle ne dépasse pas 0^f,20 à 0^f,25.

Dans la couche de 2^m,12 d'épaisseur, qui est celle que nous avons vue, on ne prend que 1^m,62 de charbon et on laisse comme faux toit, pour soutenir le vrai toit de schiste fort mauvais, une épaisseur de 0^m,50 de charbon nerveux qui est perdu.

Le nombre d'ouvriers occupés au fond est de 450 pour les 3 puits ; au jour, il n'y en a que 80 à 90.

La production par homme au fond est de près de 3^t et celle du mineur atteint 4 et 5^t.

Éclairage. Les travaux dégagent beaucoup de grisou, et l'on prend beaucoup de soin pour l'aérage et l'éclairage. La lampe adoptée est celle de Williamson dont nous avons déjà parlé. Cependant, il existe certains quartiers moins dangereux où l'on se contente de la lampe Davy ordinaire.

Pour rendre cette dernière aussi sûre que la meilleure lampe, on a adopté un procédé, du reste peu répandu, de renfermer la lampe Davy ordinaire dans une enveloppe en tôle, fermée par un verre et un treillis qui ont pour but de préserver la flamme du courant d'air. La Fig. 8, Pl. VIII, montre cette disposition de lampe qui est surtout affectée aux firemen.

Pompe d'épuisement. Une grande pompe installée au jour relève les eaux affluentes. Le moteur est une machine de Cornwall à détente et condensation, à distribution par cataracte. Diamètre du cylindre, 2^m,032, course, 2^m,74. Elle donne seulement 2 coups par minute et élève les eaux de 264 mètres par trois jeux de pompes.

Le diamètre de chaque plongeur est respectivement de $0^m,66$, $0^m,585$ et $0^m,51$, et le volume produit par minute est de 720 litres ou 45^{m3} par heure.

Le prix des charbons ordinaires, à Hamilton, est de 5 francs la tonne. Dans le même district, le cannel coal se vend $31^f,25$; on comprend que cet écart considérable entre le prix du charbon ordinaire, free coal, et le cannel, permette aux exploitants de perdre au besoin une partie du premier pour conserver le second, ainsi que nous l'avons vu faire à Niddric et ailleurs.

Prix des charbons à Hamilton.

Visite à Blantyre.

Dans cette même journée du 2 juillet, nous avons également visité les installations des puits de Blantyre.

Cette mine, tristement célèbre par les diverses explosions de grisou qui ont eu lieu, et dont la plus considérable se produisit le 22 octobre 1877, et fit 207 victimes, comprend cinq puits dont trois servent à l'entrée de l'air et deux à sa sortie. L'extraction se fait par 4 puits.

L'un des puits, le n° 2, qui sert en même temps à la sortie de l'air et à l'extraction, est fermé à son orifice par des trappons mobiles soulevés par les cages. Nous donnons, Fig. 9, Pl. VIII, l'organisation d'un des puits à section rectangulaire, comme ils se font dans ce district de l'Écosse.

Les trappons ferment très hermétiquement l'orifice du puits et sont soulevés par les tiges a et a', au nombre de quatre, fixées au-dessus de la cage avant que celle-ci ait quitté la gaîne en planche formant couloir à l'orifice.

Les cages sont à un seul étage et à deux chariots en bois avec porte s'ouvrant sur le côté. Les roues sont, comme à Niddrie, de simples disques en fonte de 0^m,35 de diamètre.

L'aérage des travaux se fait par un grand ventilateur, Fig. 10, Pl. VIII, système Waddle, de 13^m,68 de diamètre, et dont la largeur à l'ouïe est de 1^m,25, et à la circonférence 0^m,457. Pour un nombre de révolutions par 1' de 43, il fournit 112^{m3} d'air par 1''. La machine motrice a 0^m,762 de diamètre et 1^m,21 de course, système horizontal à détente Meyer.

Un ventilateur Waddle de cette puissance coûte 37.500 francs.

La dépression est de 57 ^m/^m. Il n'y a pas de machine de secours, comme dans certains autres puits, mais toute cette installation est parfaitement tenue.

Le graissage de la machine et du ventilateur se fait automatiquement par un système que nous avons déjà vu à Niddrie et que l'on peut régler à volonté. La marche du ventilateur est contrôlée par un compteur de tours.

Les chaudières non couvertes sont du type à 2 foyers intérieurs.

La machine d'extraction est à balancier conduisant directement le tambour cylindrique sur lequel s'enroulent les câbles. Diamètre du piston à vapeur, 0^m,762, et course 1^m,52.

Le graissage de toutes les pièces de la machine se fait également, comme pour le ventilateur, par un système automatique. Toute cette installation se distingue par beaucoup d'ordre et de propreté.

La production par puits varie de 300 à 500^t.

Les charpentes des puits sont en bois à quatre montants ; on ne voit plus ici les élégantes charpentes en fer du centre et du district de Newcastle.

En terminant notre longue course, nous avons jeté un coup d'œil sur l'installation du puits n° 4 de Blantyre.

La section du puits est rectangulaire comme les autres, machine horizontale et à deux cylindres, diamètre 0^m,558, course 1^m,82. Distribution à tiroir sans détente.

Elle conduit directement un tambour cylindrique de 5 mètres de diamètre, sur lequel s'enroulent les câbles ronds en acier.

L'ensemble de cette mine occupe 600 ouvriers pour une production moyenne de 1,500^t.

En Ecosse, le puits qui sort le plus, extrait 900^t, tandis que les productions de 1,200 à 1,500^t ne sont pas rares dans les autres bassins.

La production moyenne par ouvrier, en y comprenant le jour et le fond, est en Ecosse de 400 à 500^t par année.

———

Arrivés au terme de notre rapide voyage, après avoir CONCLUSIONS. visité les bassins du Sud du pays de Galles, quelques exploitations des comtés de Derby et de Nottingham dans le centre, celles des environs de Newcastle dans le nord et enfin quelques-unes des principales mines de l'Ecosse entre Glasgow et Edimbourg, nous devons récapituler sommairement les points saillants dans les diverses branches de l'exploitation, permettant d'établir la comparaison avec leurs similaires dans les mines françaises.

En premier lieu ce qui frappe le plus dans les exploitations anglaises, c'est l'énorme développement des travaux qui s'étendent dans une même couche à des distances de 3 à 4 kil., complètement inusité et même impossible dans les mines françaises.

Ces vastes développements sont du reste la conséquence de la solidité des rochers recouvrant et encaissant les couches.

On comprend que, si les larges galeries qui vont chercher le charbon à de pareilles distances étaient d'un entretien coûteux, on serait vite arrêté dans cette voie par le prix de revient;

2° La facilité d'abatage du charbon, qui permet au piqueur de produire beaucoup et à bon marché ;

3° L'absence complète de travaux préparatoires et de travers-bancs pour recouper les couches à des niveaux inférieurs. On préfère exploiter en vallée à de longues distances, système rendu possible et facile par la faible inclinaison des gîtes ;

4° La régularité des couches et la rareté des failles ou rejets ;

5° La rapidité de toutes les manœuvres, tant à l'intérieur qu'à l'extérieur, tendant toujours à faire produire à un même siège tout ce qu'il peut produire. C'est ainsi que l'on arrive, en économisant quelques secondes par un artifice particulier dans l'encagement et le décagement des chariots à chaque voyage, à des productions de 1,000, 1,200 et 1,500ᵗ par le même orifice ;

6° L'aérage général, très bien entretenu par des moyens mécaniques puissants, est réparti aussi bien que possible dans les divers districts et au front de chaque taille par les procédés connus de gaînes, cloisons et surtout de toiles d'aérage. Et si de terribles accidents de grisou se produisent de temps en temps dans les houillères anglaises, cela tient particulièrement à l'absence presque complète de remblais pour remplir les vastes vides laissés par l'enlèvement des couches, permettant ainsi au grisou de s'y accumuler, et par la facilité très grande laissé aux ouvriers de se servir de la poudre pour l'abatage des rochers et du charbon ;

7° La puissance des transports économiques intérieurs, représentée par de nombreuses machines donnant le mouvement aux divers systèmes, dont plusieurs spécimens ont été décrits dans notre rapport. Ces moteurs, le plus souvent accompagnés de leurs générateurs, entraînent les convois à des vitesses vertigineuses qui laissent bien loin les modestes roulages par chevaux des mines du Continent ;

8° La faible quantité d'eau que l'on rencontre dans les travaux. Les diverses pompes intérieures que nous avons eu occasion de voir, ne relèvent que des volumes peu importants et sont loin de travailler à leur limite ;

9° Nous n'insisterons pas sur les dépenses minimes que nécessite le boisage des galeries et des chantiers. Il est rare de rencontrer sur un puits un faible approvisionnement de bois d'étais. Nous avons cité, pour la rareté du fait, les approvisionnements d'étais des mines de Cambois qui, pour une extraction journalière de 1,200^t, ne représentent pas la $^1/_{10}$ partie de ceux de Blanzy ;

10° Si du fond nous passons au jour, nous voyons des machines, en général, très bien tenues, où domine le système horizontal, parfois muni de détente bien comprise, donnant le mouvement à des bobines de grands diamètres et, le plus souvent, dans les installations les plus récentes, à des tambours spiraloïdes en acier sur lesquels s'enroulent des câbles ronds également en acier.

Les vitesses des cages sont très grandes, 12 à 15 mètres par 1″. Le mode général de suspension se fait avec des chaînes. On remarque quelques crochets de sûreté, mais peu ou point de parachutes.

Le guidage par rails en fer ou par câbles guides est presque général.

Enfin, les chariots de contenances très diverses, depuis 350^k jusqu'à 1,000, sont tantôt en fer comme dans le Sud du pays de Galles, tantôt en bois comme en Écosse.

Le charbon remonté étant presque toujours tout en gros morceaux, les caisses sont très souvent à jour et non fermées par devant.

Les générateurs sont assez fréquemment couverts et presque toujours d'un système perfectionné pour économiser le combustible.

11° Sauf dans de rares exceptions, comme à Bearpark, la plus grande partie du menu est laissée au fond et sert, avec quelques rochers provenant des relevages de galeries, à former un remblais très imparfait.

La quantité de charbon ainsi perdue, sans compter les parties de couches que l'on n'exploite pas, comme à Niddrie, entre pour 20 à 30 % de la houille abattue.

Il existe certaines houillères, comme à Blantyre, en Ecosse, où de vastes tas de menu, sans valeur commerciale et cependant de bonne qualité, existent sur le carreau de la mine.

12° Aux conditions qui précèdent, toutes extrêmement avantageuses à un prix de revient très bas, il convient d'ajouter la simplicité poussée à la limite, dans les rouages d'administration et de comptabilité.

Ainsi, en dehors du Manager, sorte d'ingénieur, muni de brevet, qui a la direction du fond et du jour, il n'existe pour la comptabilité et la tenue des registres, qu'un employé à la fois comptable et caissier et et un jeune aide qui, en même temps, est préposé au Télégraphe reliant les différents puits avec la résidence de l'Inspecteur;

13° Mais si le tableau qui précède est alléchant, et peut exciter, à juste titre la convoitise de l'ingénieur français, il n'en est plus de même sous le rapport du bien-être de l'ouvrier et des institutions établies par les Cies en sa faveur.

Ici la comparaison est toute à l'avantage des mines françaises, et l'on se trouve péniblement affecté de l'état misérable dans lequel se trouvent les quelques rares habitations créées pour l'ouvrier, quand exceptionnellement elles existent. Point d'école, point d'hôpital, point d'église, point de magasin de subsistance, des espèces de masures à un rez-de-chaussée, sans jardin ni culture, et c'est tout.

Cet état de choses, conséquence du mode de concession des mines anglaises et de leur peu d'étendue, place néanmoins les mineurs anglais, au point de vue moral et du bien-être, au-dessous du mineur français.

Le premier n'est qu'un ouvrier spécial, qui en dehors de son salaire, certainement plus élevé de 25 à 30 p. %, que celui du mineur du Continent, n'a rien à réclamer à l'exploitant qui l'occupe, et il trouve dans l'organisation communale les institutions qui font défaut à la mine, ce qui paraît lui suffire.

Nous devons ajouter que, dans quelques nouvelles exploitations un peu éloignées des centres, à Harris, par exemple, les propriétaires semblent s'être préoccupés davantage du bien-être de leurs ouvriers et ont fait établir des bâtiments très confortables, à un étage, rappelant les cités presque luxueuses des exploitations belges de Mariemont. Mais ces établissements ne sont encore que de rares exceptions.

En réalité, si le système anglais, qui a pour principe de laisser à l'ouvrier toute son initiative au point de vue de ses intérêts privés, présente de sérieux inconvénients, il a pour l'exploitant l'immense avantage de lui ôter l'obligation de consacrer d'énormes capitaux à la création de cités ouvrières, des écoles, des hôpitaux, des églises et des magasins de subsistances. Et en présence de l'état moral de la classe ouvrière dans les deux pays on se demande si l'exploitant anglais n'a pas pris la meilleure solution.

14° Nous n'ajouterons plus qu'un mot relatif à un des

points plus spéciaux de notre voyage en Angleterre, l'abatage à la chaux, c'est que ce procédé, qui parait logique en théorie, a été essayé dans la généralité des mines anglaises et partout a été abandonné pour la raison de lenteur et souvent d'insuccès.

A Blanzy, où le mode d'exploitation crée des conditions d'abatage bien plus défavorables, ce procédé pourra -t-il réussir ? Nous ne le pensons pas et les essais qui ont été déjà tentés l'ont suffisamment démontré.

Nous ne terminerons pas sans offrir à la Gérance de Blanzy, toute notre gratitude pour nous avoir permis d'accomplir ce voyage d'études qui, en élargissant les idées de l'ingénieur dans les diverses branches de l'exploitation, ne pourra que lui être fort utile, ainsi qu'aux mines de Blanzy.

RÉPERTOIRE

	PAGES
Préambule	2

DISTRICT DES MINES DU SUD DU PAYS DE GALLES
AUX ENVIRONS DE CARDIFF

Visite à Cymmer Colliery. Installations extérieures..	5
Visite à la mine de Nixon Navigation à Merthyr Vale.	10
Visite aux mines de Harris Navigation	14
Résumé sur les mines du Sud du pays de Galles	17
Visite aux usines d'agglomérés des environs de Cardiff	18
Visite à Shipley Colliery. Descente au puits Woodside.	20
Visite des mines de Clifton, près de Nottingham	26
Description de l'appareil Fischer pour l'encagement et le décagement automatique des chariots	30
Visite à Newstead Colliery	34
Visite à Cinder Hill Colliery	39
Puits de Bulwell de Cinder Hill Colliery	42
Notes générales	44
Visite à M. John Daglish, ingénieur, inspecteur des mines	49
Houillère de Withburn à Marsden	49
Renseignements sur les attributions du personnel des mines anglaises	51
Détente variable système John Daglish	53
Visite à Silksworth Colliery	55
Visite à Boldon Colliery. Brockley Whins station	61
Visite à Monkwearmouth Colliery	68
Visite à Cambois Colliery	70

Visite à Bearpark Colliery. Station de Durham......   75
Renseignements généraux fournis par M. Moore.....   79
Visite à Niddrie Colliery. Mines situées à 3,000
    d'Edimbourg. Gare de Portobello..............   81
Visite à Fence Colliery avec le fils de M. Moore.....   85
Visite à Hamilton Colliery.......................   88
Visite à Blantyre........, ...   91
Conclusions   93

SAINT-ÉTIENNE. IMPRIMERIE THÉOLIER ET Cⁱᵉ.

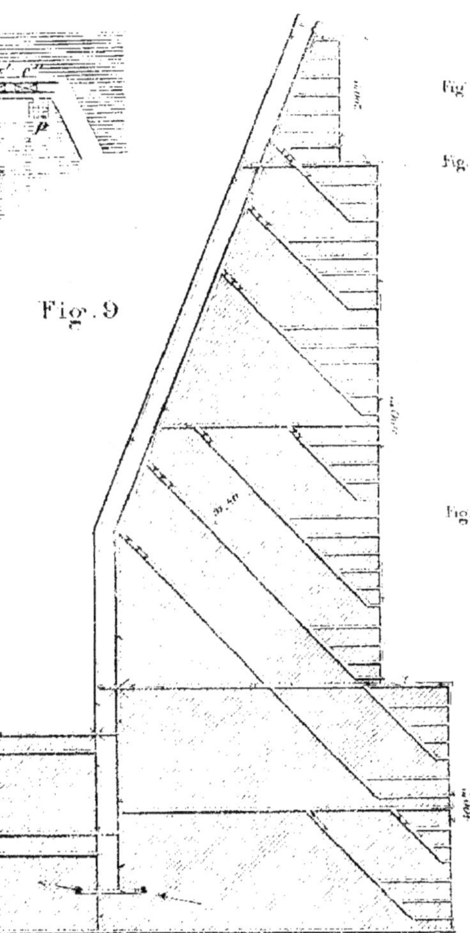

Légende

Fig. 9 — Disposition générale de l'exploitation avec ses grandes divisions.

Fig. 10 — Détail montrant la disposition des tailles de dépilages d'un pilier de 50 à 60ᵐ de côté.

La largeur des tailles est de 14ᵐ; 4 piqueurs y sont occupés, 2 à droite et 2 à gauche de la voie diagonale.

Les chariots pleins descendent seuls et les vides sont remontés par des chevaux.

La voie AB est un plan automoteur qui dessert les charbons de toutes les tailles jusqu'à la galerie AC où existe le tail-roqe.

Fig. 8 — Détails d'un chantier — p p' p'' sont des piles de bois établies sous les 2ᵐ pour soutenir le toit, sur les remblais, et c' chariots placés de chaque côté de la taille.

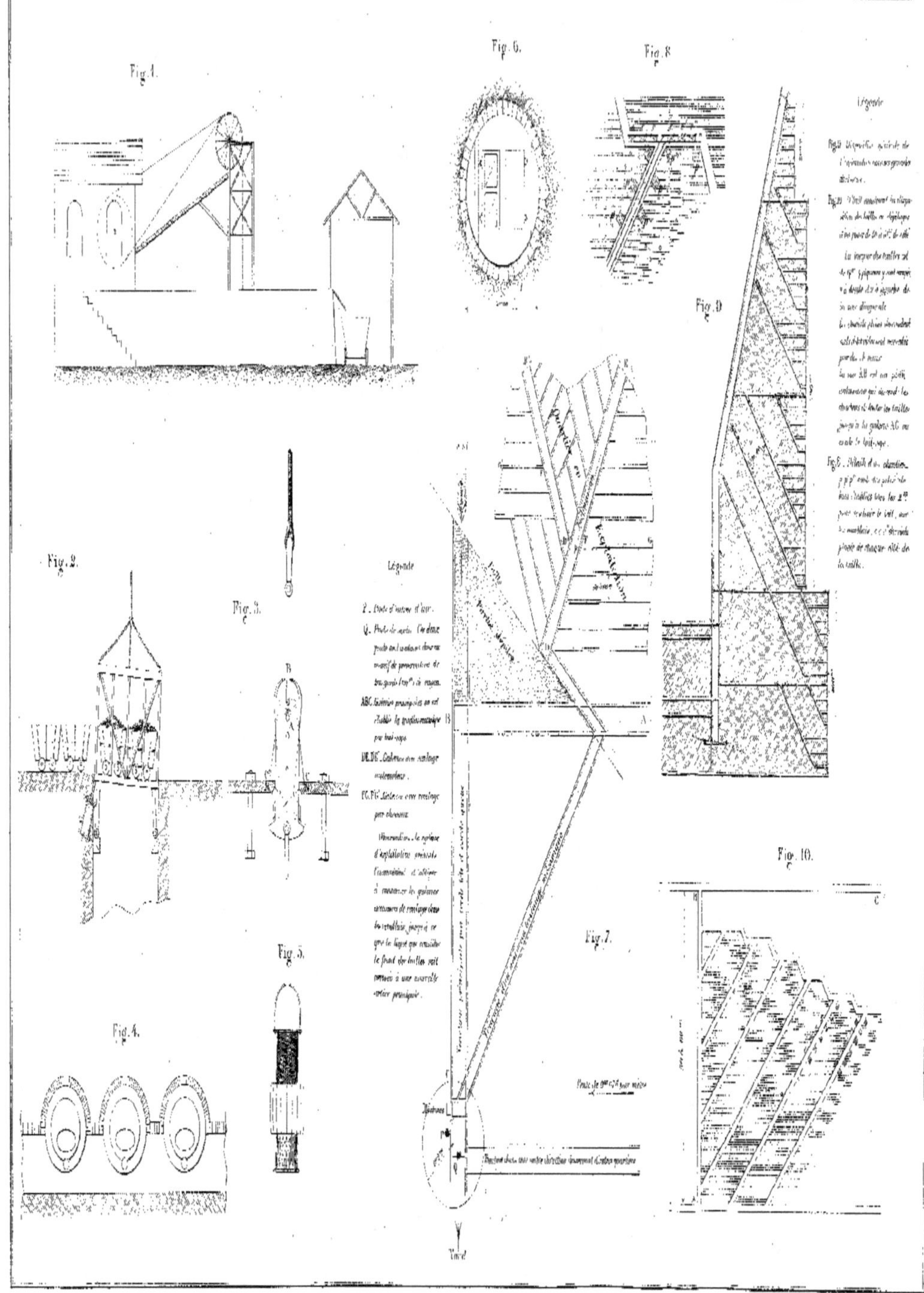
Pl. 1.
Fig. 1.
Fig. 6.
Fig. 8.
Fig. 9.
Fig. 2.
Fig. 3.
Fig. 4.
Fig. 5.
Fig. 7.
Fig. 10.
Légende

Fig. 8.

Plan

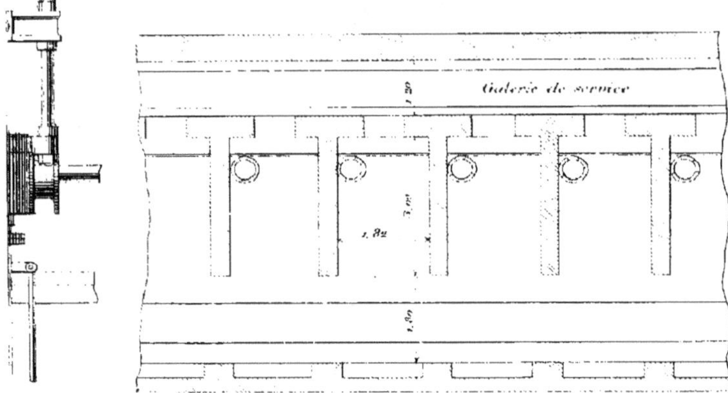

Fig. 9.

Coupe longitudinale

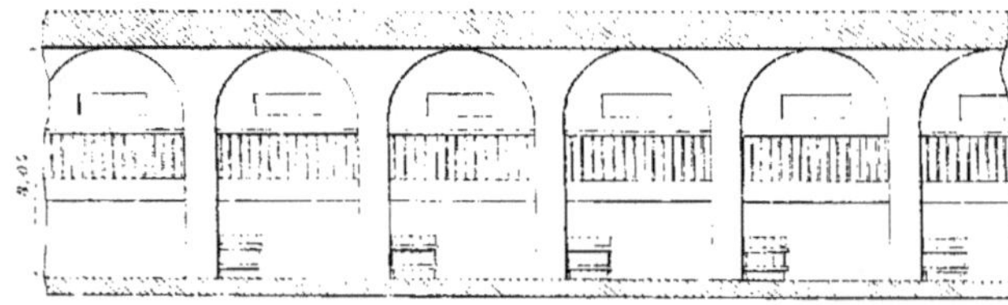

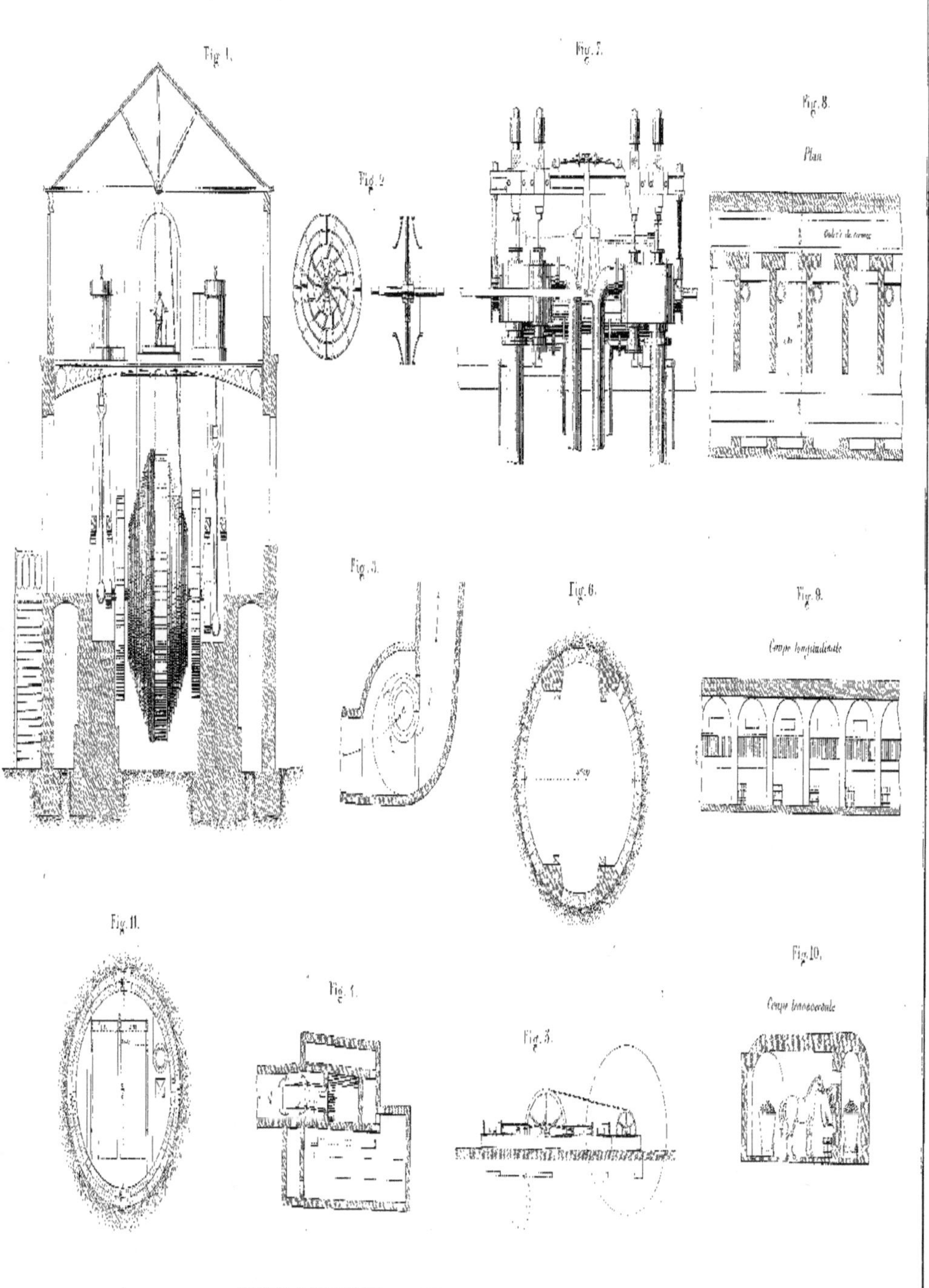

Fig. 1.
Fig. 2.
Fig. 5.
Fig. 8.
Plan
Galerie de service
Fig. 3.
Fig. 6.
Fig. 9.
Coupe longitudinale
Fig. 11.
Fig. 4.
Fig. 3.
Fig. 10.
Coupe transversale

Traînage mécanique de Clifton.

Fig. 9. Disposition des poulies.   **Fig. 10.** Disposition générale du fond.

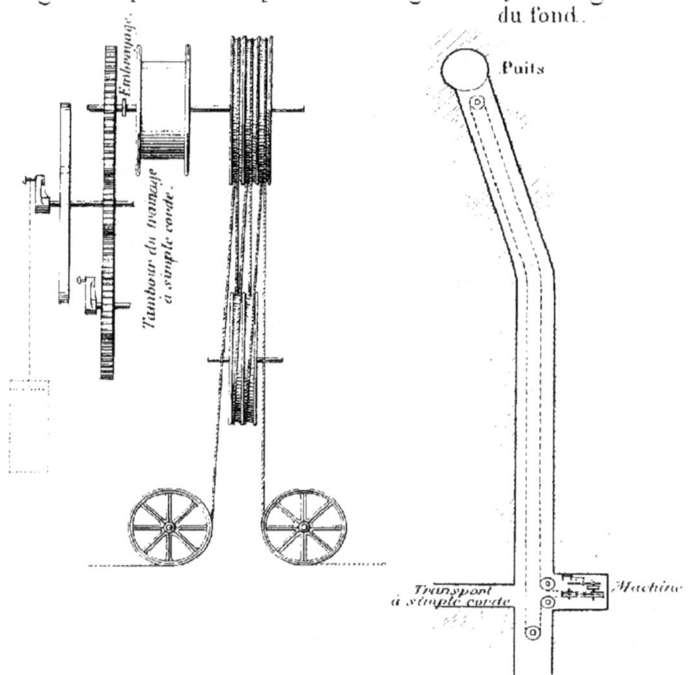

Fig. 8. Ventilation.

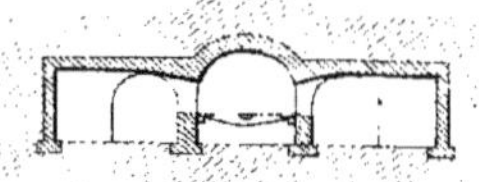

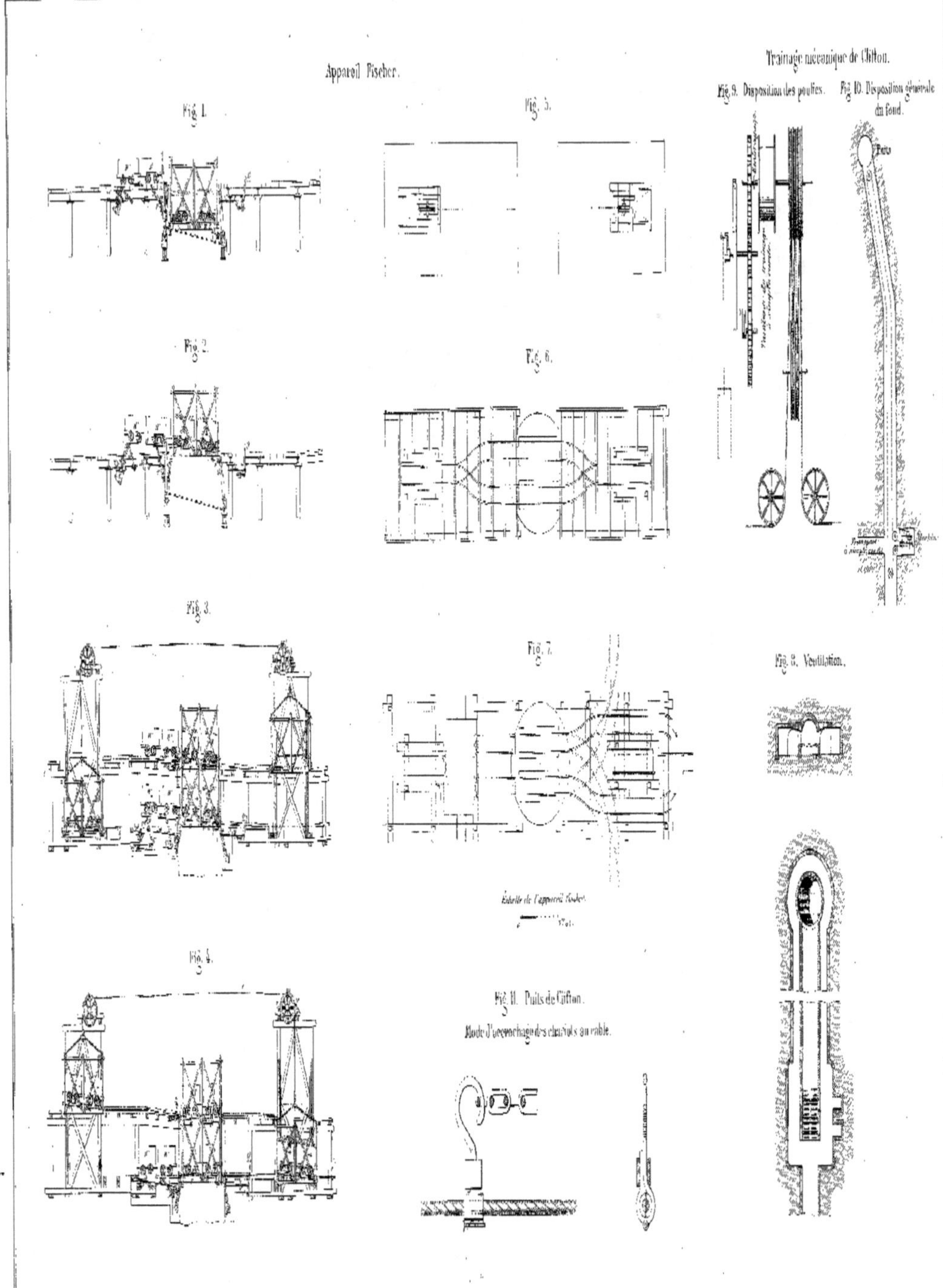

Appareil Fischer.
Traînage mécanique de Clifton.
Fig. 1.
Fig. 5.
Fig. 9. Disposition des poulies.
Fig. 10. Disposition générale du fond.
Fig. 2.
Fig. 6.
Fig. 3.
Fig. 7.
Fig. 8. Ventilation.
Échelle de l'appareil Fischer.
Fig. 4.
Fig. 11. Puits de Clifton.
Mode d'accrochage des chariots au câble.

Système de détente variable de J. Daglish.

Nº II.   Nº III.   Nº IV.

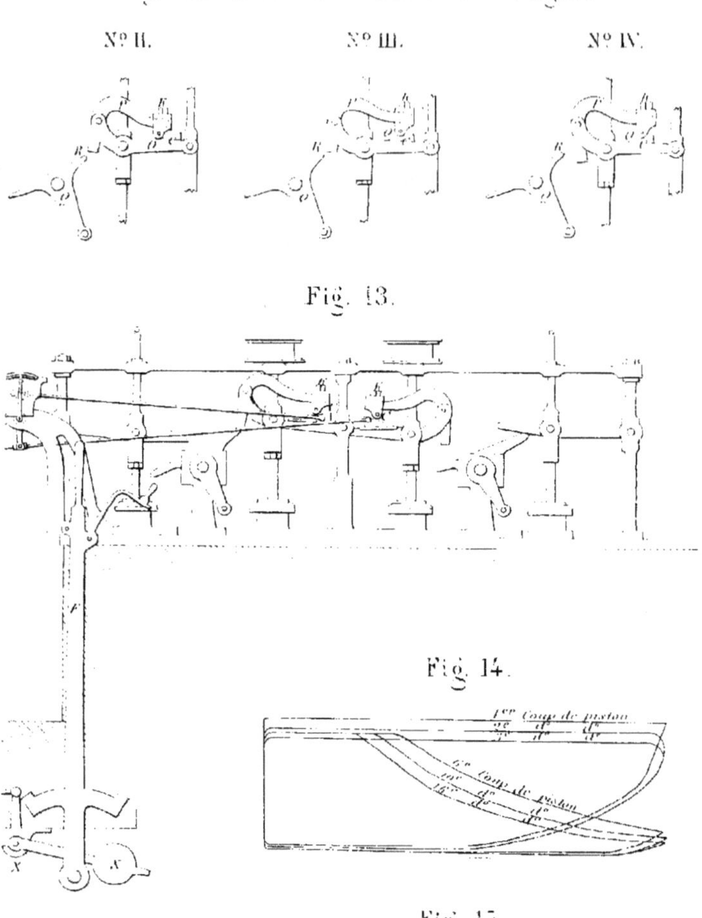

Fig. 13.

Fig. 14.

Fig. 15.

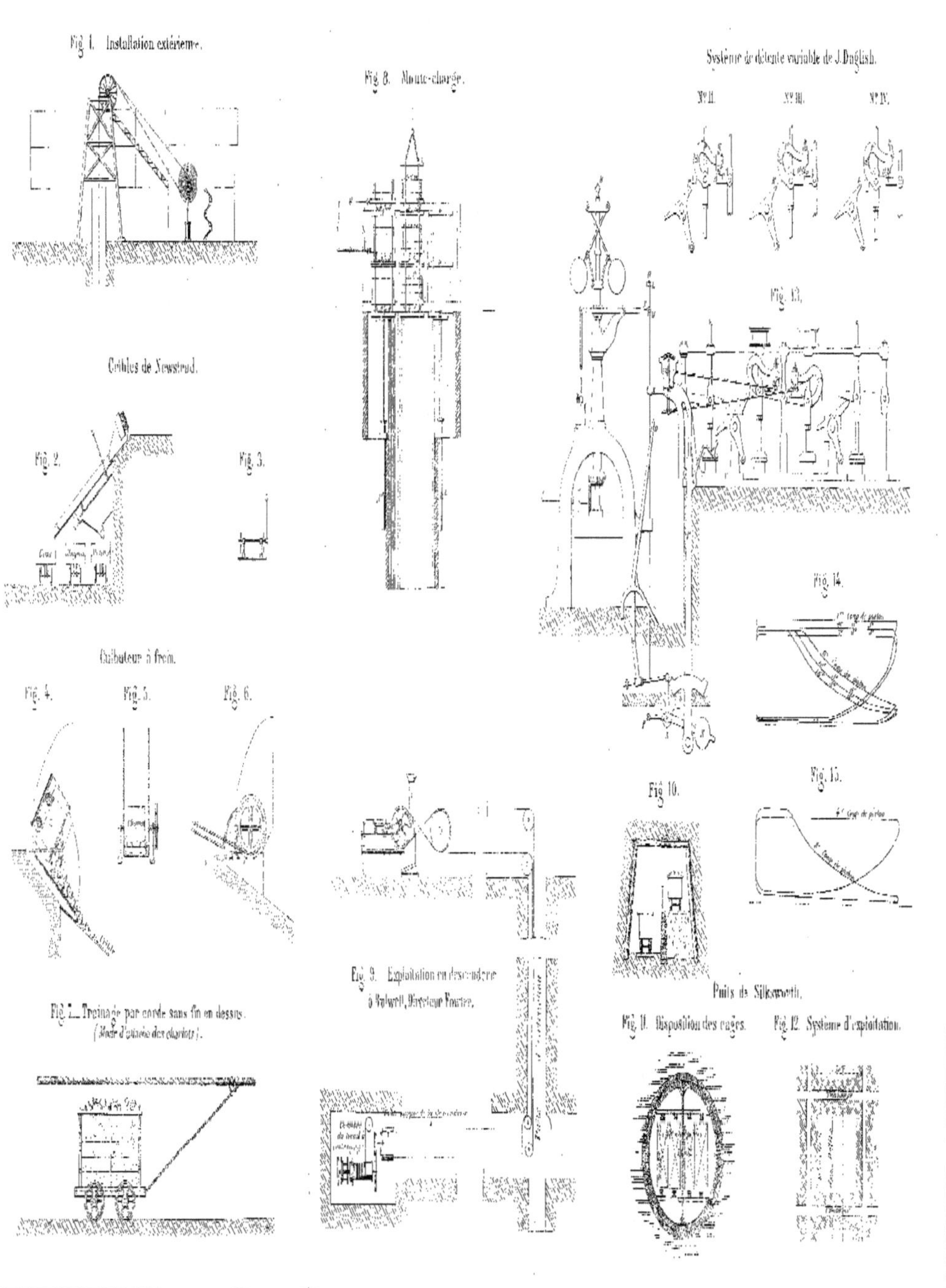

Fig. 1. Installation extérieure.
Fig. 8. Monte-charge.
Système de détente variable de J. Daglish.
N° II.   N° III.   N° IV.
Fig. 13.
Cribles de Newstead.
Fig. 2.   Fig. 3.
Fig. 14.
Culbuteur à frein.
Fig. 4.   Fig. 5.   Fig. 6.
Fig. 15.
Fig. 10.
Fig. 9. Exploitation en descenderie à Walwell, Directeur Foster.
Puits de Silksworth.
Fig. 7. Traînage par corde sans fin en dessus.
(Mode d'attache des chariots).
Fig. 11. Disposition des cages.   Fig. 12. Système d'exploitation.

12_Diagramme du trainage intérieur de Boldon.

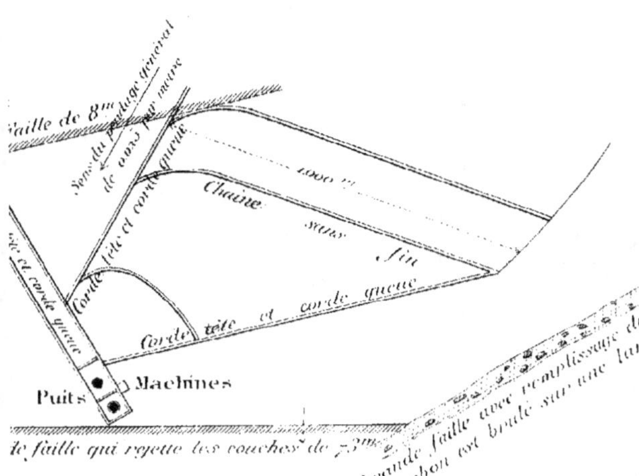

its d'extraction .

Balance sèche pour
descendre les pleins

Fig.15 Coupe suivant A.B.

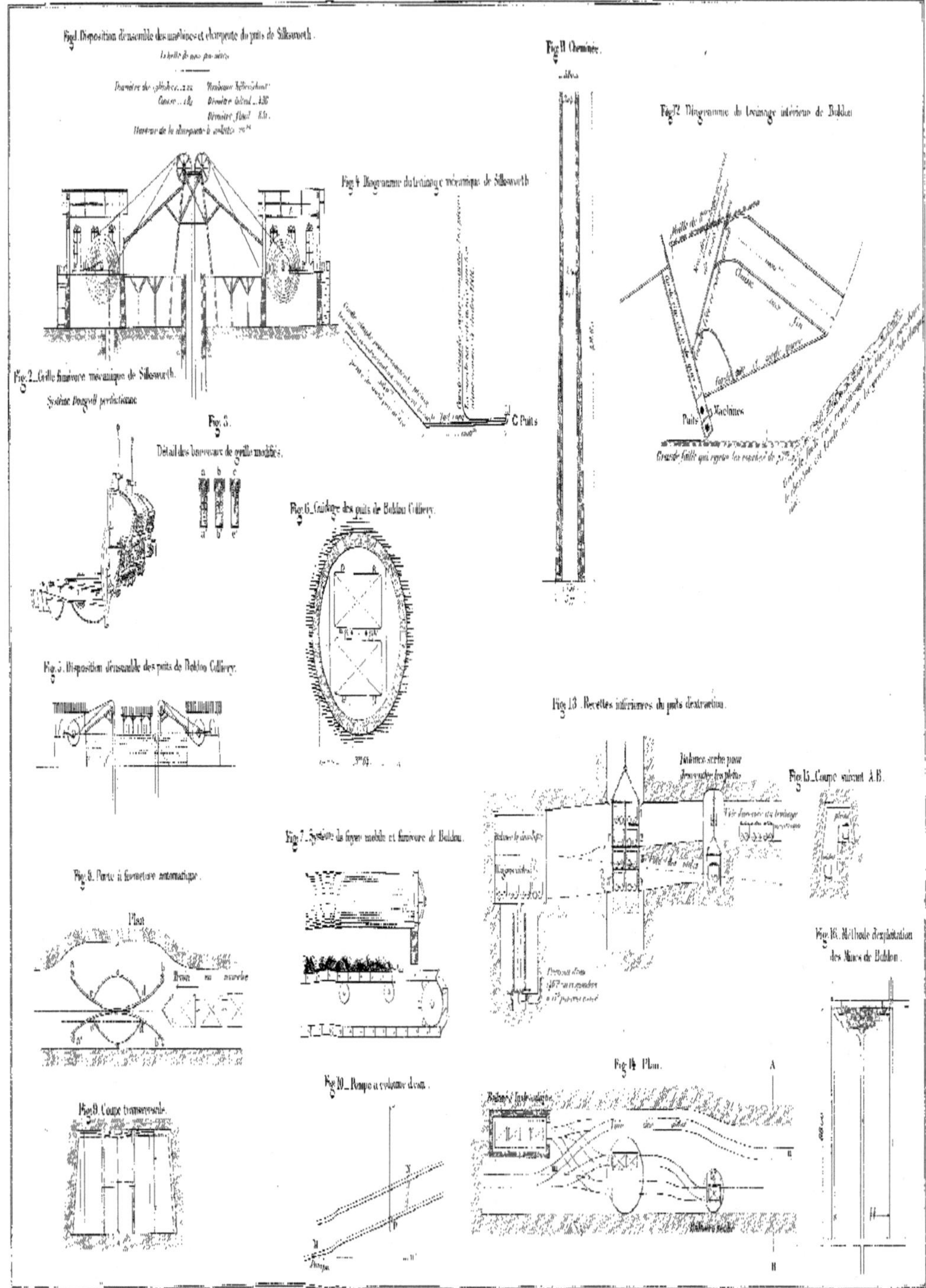

Fig. 1. Disposition d'ensemble des machines et charpente du puits de Silksworth.
Fig. 2. Grille fumivore mécanique de Silksworth.
Système Dougill perfectionné.
Fig. 3. Détail des barreaux de grille modifiés.
Fig. 4. Diagramme du freinage mécanique de Silksworth.
Fig. 5. Disposition d'ensemble des puits de Boldon Colliery.
Fig. 6. Guidage des puits de Boldon Colliery.
Fig. 7. Système de foyer mobile et fumivore de Boldon.
Fig. 8. Porte à fermeture automatique.
Plan
Fig. 9. Coupe transversale.
Fig. 10. Rampe à colonne d'eau.
Fig. 11. Cheminée.
Fig. 12. Diagramme du treuvage intérieur de Boldon.
Puits des Machines
Fig. 13. Recettes inférieures du puits d'extraction.
Fig. 14. Plan.
Fig. 15. Coupe suivant A.B.
Fig. 16. Méthode d'exploitation des Mines de Boldon.

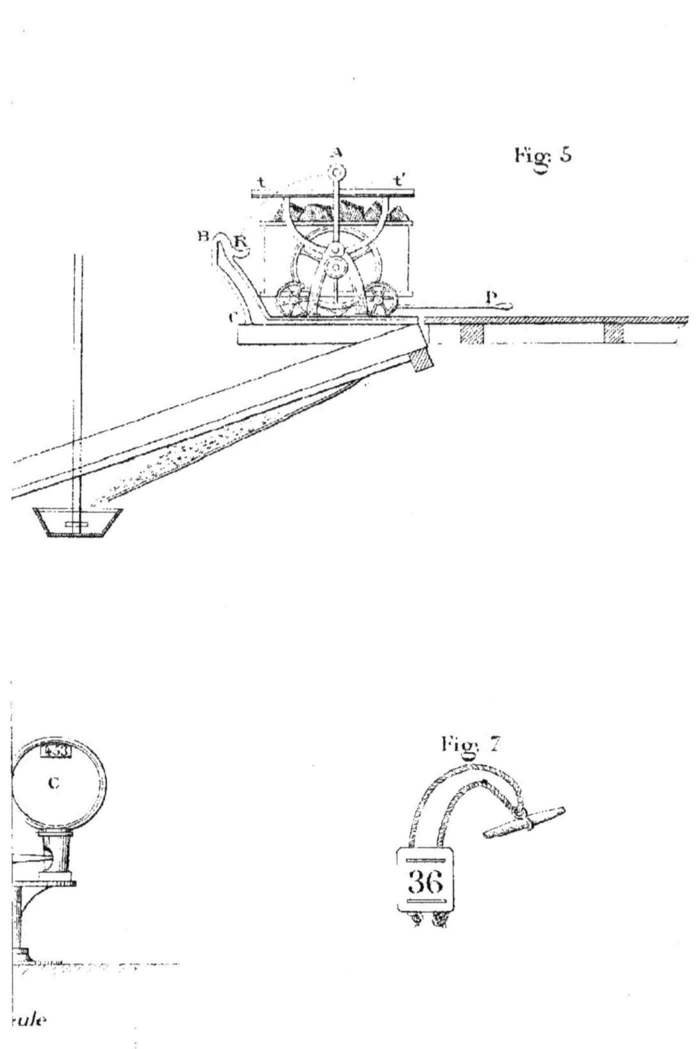
Fig. 5
A
t   t'
B
C
P
Fig. 7
36
C
rule

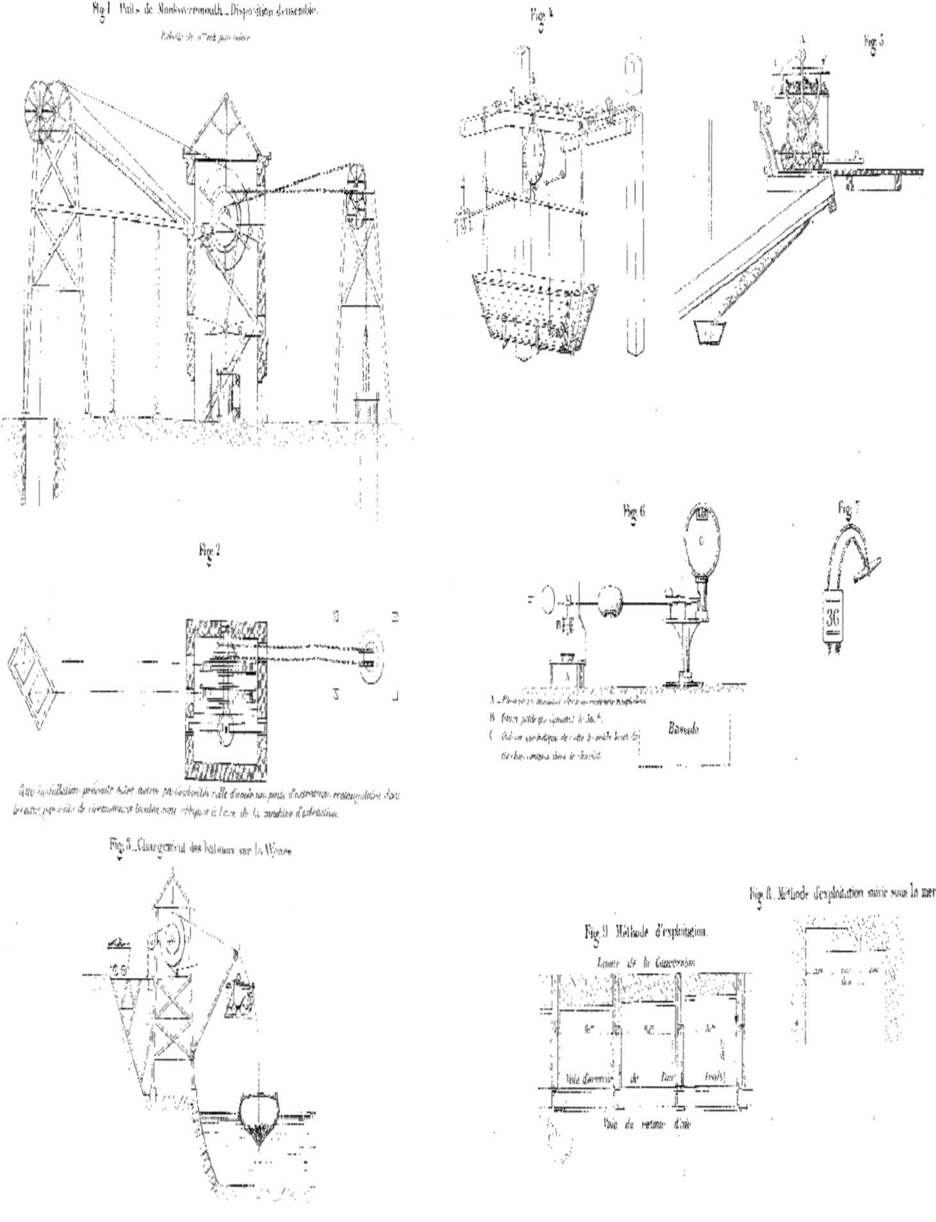

Fig. 1 Puits de Monkwearmouth. _ Disposition d'ensemble.
Fig. 2
Fig. 3 _ Chargement des bateaux sur la Wear.
Fig. 4
Fig. 5
Fig. 6
Baucaub
Fig. 7
Fig. 8 Méthode d'exploitation suivie sous la mer.
Fig. 9 Méthode d'exploitation.

Fig.5 _ Plan des travaux de Niddrie.

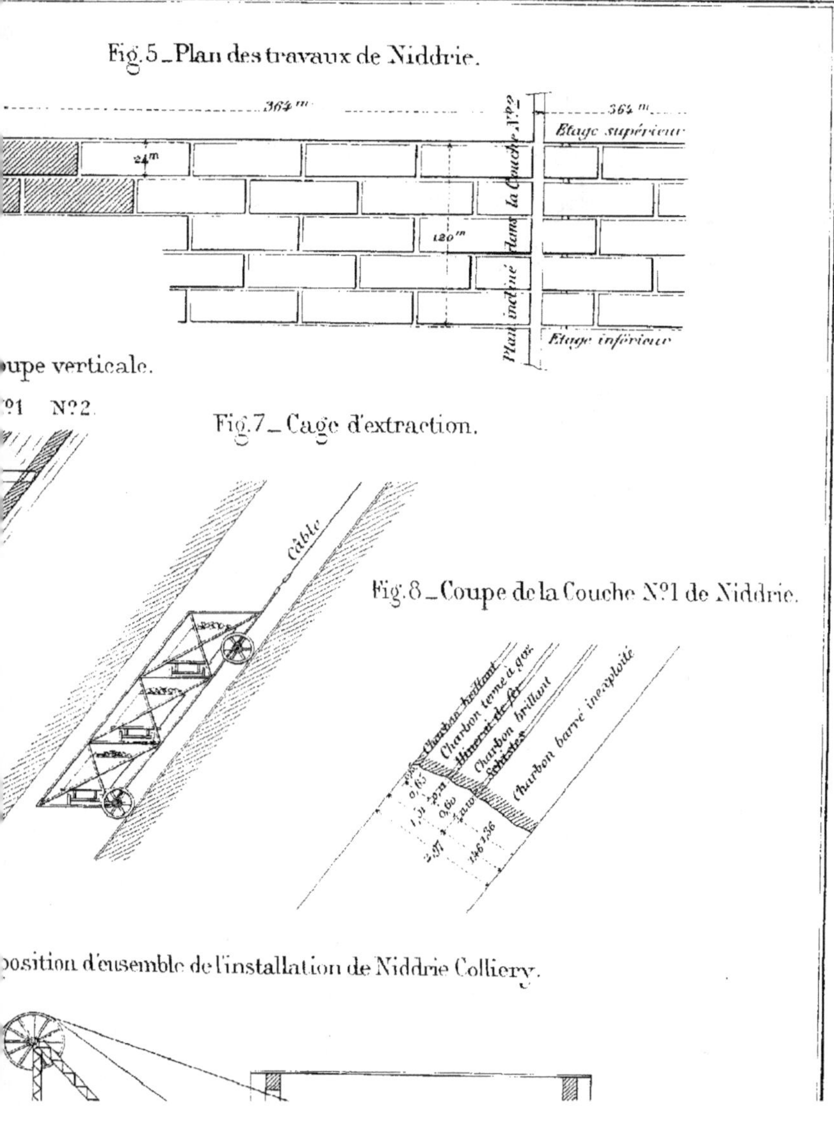

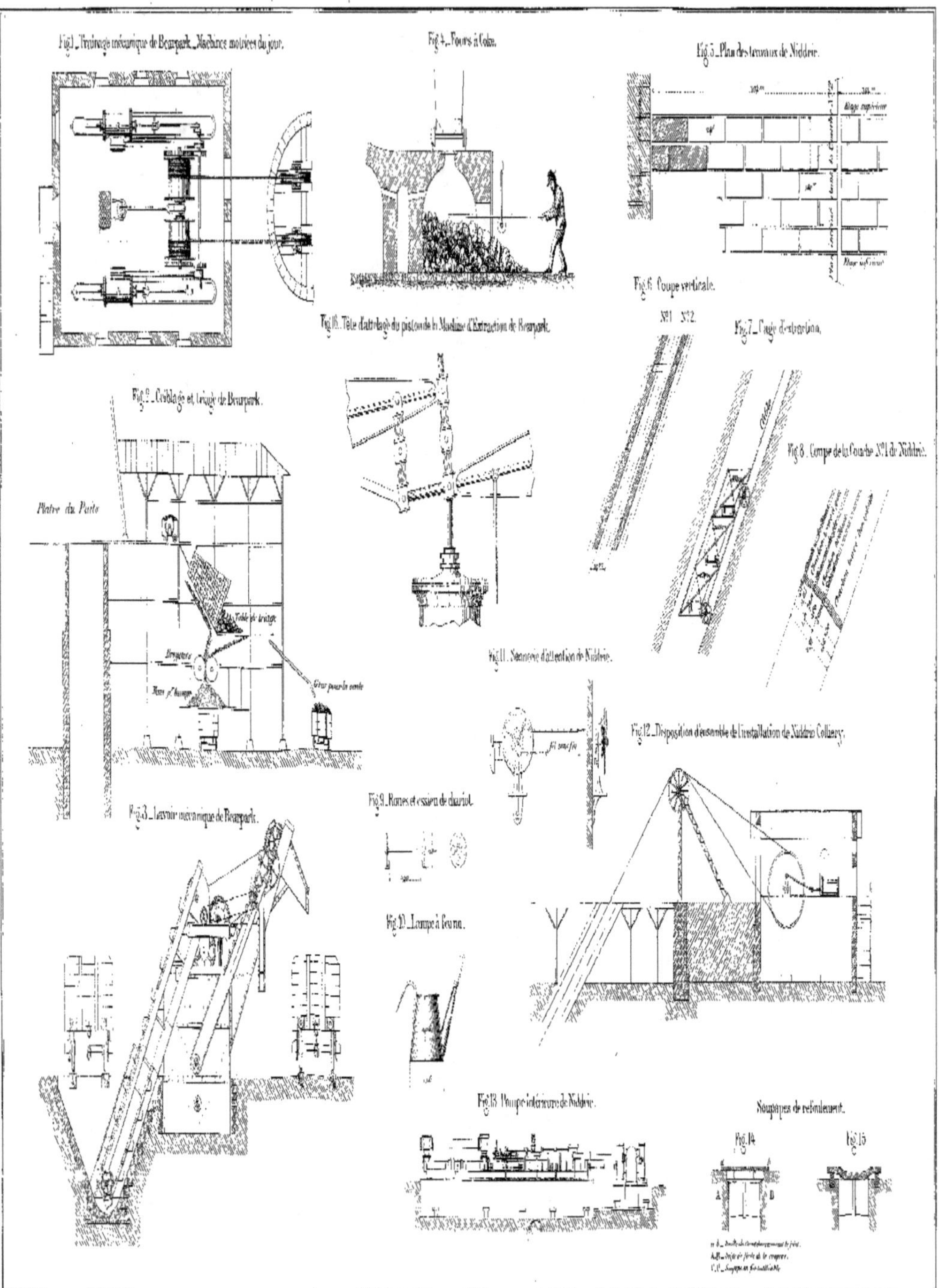

Fig.1._Triturage mécanique de Beaupark._Machines motrices du jour.
Fig.4._Fours à Coke.
Fig.5._Plan des travaux de Niddrie.
Fig.16. Tête d'attelage du piston de la Machine d'Extraction de Beaupark.
Fig.6. Coupe verticale.
N°1   N°2
Fig.7._Cage d'extraction.
Fig.2._Criblage et triage de Beaupark.
Fig.8. Coupe de la Couche N°1 de Niddrie.
Plâtre du Puits
Table de triage
Brayettes
Gros pour la vente
Fig.11._Sonnerie d'attention de Niddrie.
Fig.12._Disposition d'ensemble de l'installation de Niddrie Colliery.
Fig.3._Lavoir mécanique de Beaupark.
Fig.9._Roues et essieu de chariot.
Fig.10._Lampe à feu nu.
Fig.13._Pompe intérieure de Niddrie.
Soupapes de refoulement.
Fig.14   Fig.15

Fig. 8 _ Lampe de sureté.

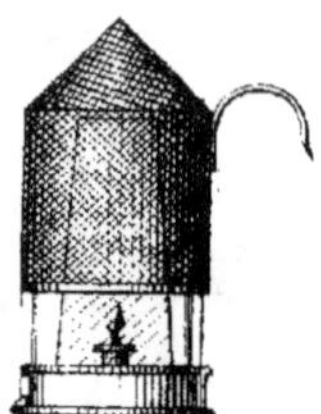

Fig. 9 Puits N.º 2 de Blantyre.

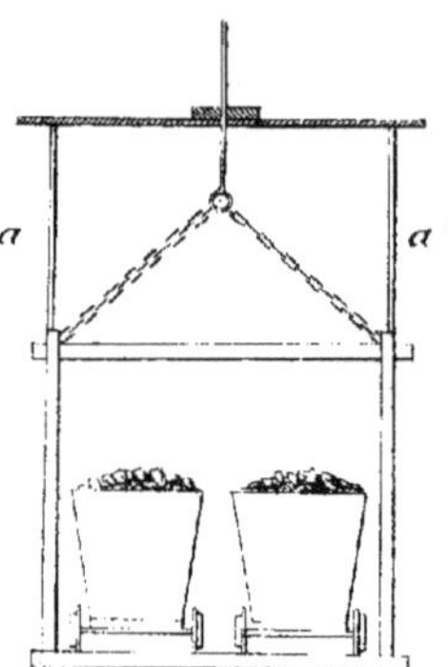

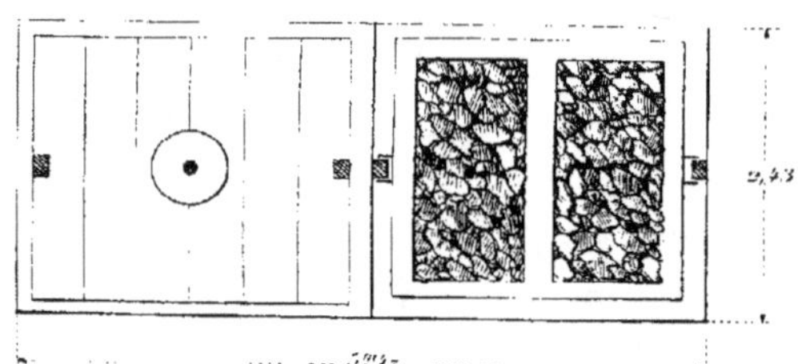

Fig.10 _ Ventilateur Waddle.

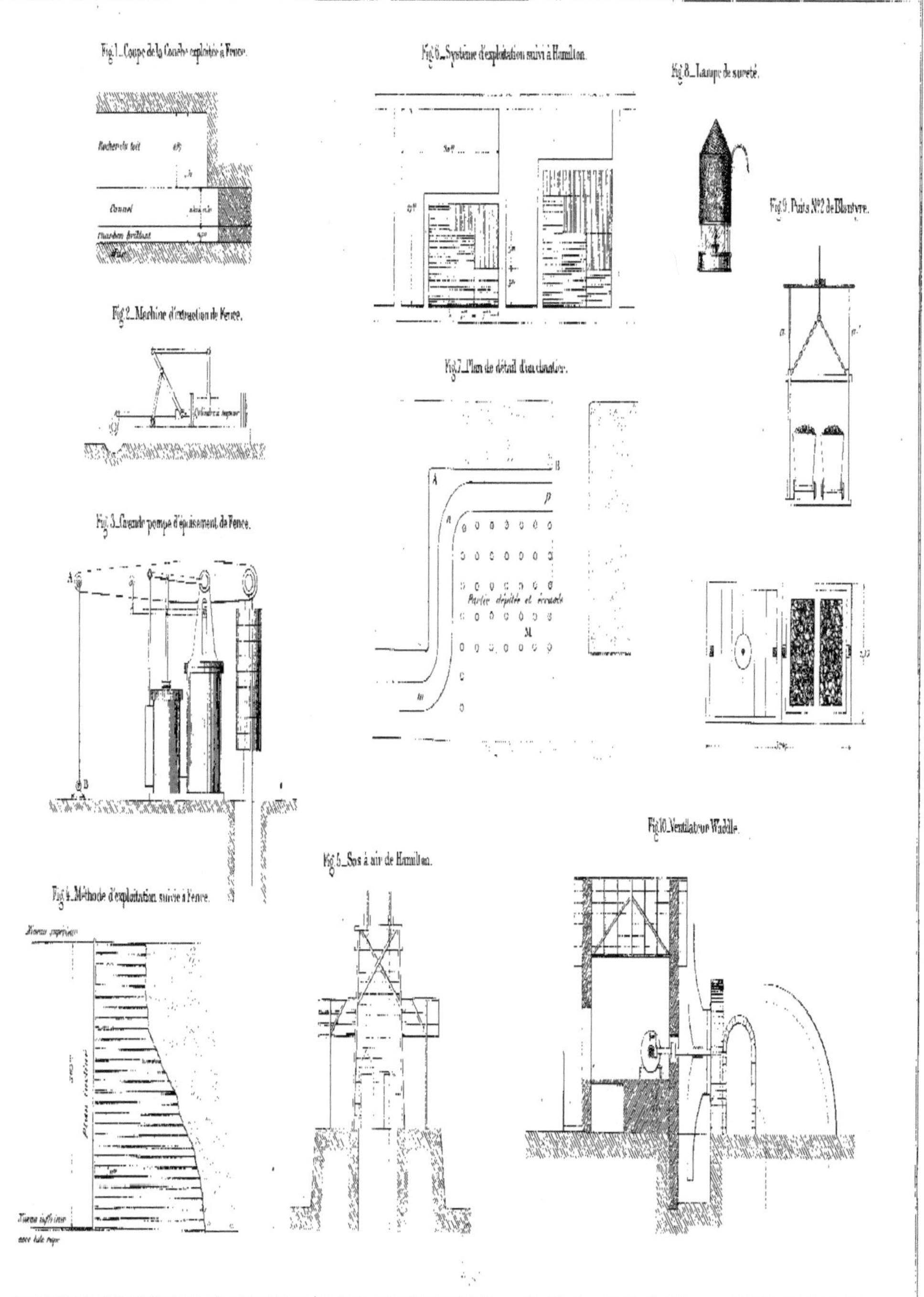

Fig.1._Coupe de la Couche exploitée à Fence.
Fig.2._Machine d'extraction de Fence.
Fig.3._Grande pompe d'épuisement, de Fence.
Fig.4._Méthode d'exploitation suivie à Fence.
Fig.5._Sas à air de Hamilton.
Fig.6._Système d'exploitation suivi à Hamilton.
Fig.7._Plan de détail d'un chantier.
Fig.8._Lampe de sureté.
Fig.9._Puits N°2 de Blantyre.
Fig.10._Ventilateur Waddle.